21世纪高等学校计算机类专业
核心课程系列教材

计算机
系统结构实践教程
（第3版）

张晨曦　李江峰　主编

杨万春　王冬青　沈立　副主编

U0230090

清华大学出版社

北京

内 容 简 介

本书设计了8个实验：MIPS指令系统和MIPS体系结构、流水线及流水线中的冲突、指令调度和延迟分支、Cache性能分析、Tomasulo算法、再定序缓冲(ROB)工作原理、多Cache一致性——监听协议、多Cache一致性——目录协议。本书覆盖面广，内容丰富，书中的实验是基于MIPS指令集结构的，并提供了实验所需相关知识的介绍，可以与大多数系统结构教材配合使用。本书还提供了专门为系统结构实验开发的一套运行于Windows平台的模拟器，该套模拟器界面友好，使用方便，交互性强。

本书可作为高等院校"系统结构"课程以及"计算机组成与结构"课程的实验教材，也可作为自学者的辅助教材。

图书在版编目（CIP）数据

计算机系统结构实践教程 / 张晨曦，李江峰主编. -- 3版. -- 北京：清华大学出版社，2025. 1.
(21世纪高等学校计算机类专业核心课程系列教材). -- ISBN 978-7-302-68052-9

Ⅰ. TP303

中国国家版本馆CIP数据核字第2025HS6404号

策划编辑：魏江江
责任编辑：王冰飞
封面设计：刘　键
责任校对：时翠兰
责任印制：杨　艳

出版发行：清华大学出版社
　　　网　　　址：https://www.tup.com.cn，https://www.wqxuetang.com
　　　地　　　址：北京清华大学学研大厦A座　　　邮　　编：100084
　　　社 总 机：010-83470000　　　邮　　购：010-62786544
　　　投稿与读者服务：010-62776969，c-service@tup.tsinghua.edu.cn
　　　质量反馈：010-62772015，zhiliang@tup.tsinghua.edu.cn
　　　课件下载：https://www.tup.com.cn，010-83470236
印 装 者：三河市少明印务有限公司
经　　销：全国新华书店
开　　本：185mm×260mm　　　印　　张：10.5　　　字　　数：244千字
版　　次：2010年5月第1版　2025年3月第3版　　　印　　次：2025年3月第1次印刷
印　　数：8501～10000
定　　价：39.80元

产品编号：106151-01

第一作者简介

张晨曦,男,1960 年 9 月生,汉族,福建龙岩人。现任同济大学软件学院教授,博士生导师。国家级"中青年有突出贡献专家",国家杰出青年基金获得者,上海市高校教学名师和上海市模范教师,全军优秀教师,全国高校计算机专业优秀教师。先后主持了一个国家 973 计划课题和 5 项国家自然科学基金项目。1988 年获博士学位,后一直在国防科技大学计算机学院工作,2005 年 9 月调入同济大学。

作为课程负责人,张晨曦建设的"计算机系统结构"课程先后被评为国家级精品课程(2008 年)、国家精品资源共享课(2013 年)、国家级一流本科课程(2023 年)。他主讲"计算机系统结构"课程和从事系统结构的研究近 40 年,进行了一系列的教学改革和课程建设,取得了突出的成绩。1992 年开发出了国内第一套系统结构 CAI 课件(含 30 个动画),在清华大学、北京大学等全国 10 多所高校获得应用。2003 年完成教育部的新世纪网络课程建设工程项目"计算机体系结构网络课程"。2008 年开发出了国内第一套 200 多个用于本课程的动画课件,2009 年开发出了国内第一套系统结构实验模拟器。

张晨曦负责编写出版的《计算机系统结构教程》是"十一五"和"十二五"普通高等教育本科国家级规划教材,2002 年获全国普通高等学校优秀教材二等奖,2009 年被评为国家级精品教材,2011 年获上海市优秀教材一等奖,全国至少有 100 所大学采用了该教材。他一共编写出版了 15 部教材(均为第一作者),其中,5 部"十一五"普通高等教育本科国家级规划教材,3 部"十二五"普通高等教育本科国家级规划教材。他撰写了专著两部(第二作者),其中 *New Generation Computing* 由荷兰 North-Holland 出版社出版,另一部于1992 年获"国家教委优秀专著特等奖",1993 年获"全国优秀科技图书一等奖"。发表学术研究论文 100 多篇,其中在《中国科学》《计算机学报》等一级刊物上发表 10 多篇,在国外期刊和会议上发表 40 多篇。有 18 篇被国际著名八大检索工具收录。

张晨曦获部委级科学技术进步奖一等奖两项(排名第二),二等奖一项(排名第一);获部委级教学成果奖一、二、三等奖各一项。2021 年获全国计算机教育大会课程资源建设特等奖。

2007 年获宝钢优秀教师奖和上海市育才奖;2008 年获上海高校教学名师奖;1991年被国家教委授予"做出突出贡献的中国博士"光荣称号,被评为湖南省科技青年"十佳"之一;1993 年被评为"全军优秀教师";1993 年和 1995 年两次获"霍英东青年教师奖";1995 年获第 4 届"中国青年科技奖"。

业余爱好:摄影。编著教材《摄影入门:教你轻松拍大片》(清华大学出版社)。

前　言

党的二十大报告指出：教育、科技、人才是全面建设社会主义现代化国家的基础性、战略性支撑。必须坚持科技是第一生产力、人才是第一资源、创新是第一动力，深入实施科教兴国战略、人才强国战略、创新驱动发展战略，开辟发展新领域新赛道，不断塑造发展新动能新优势。高等教育与经济社会发展紧密相连，对促进就业创业、助力经济社会发展、增进人民福祉具有重要意义。

"计算机系统结构"课程内容比较抽象、单调，不少内容要通过实验才能得到更好的理解。而且，通过实验研究对系统结构进行量化分析，是国际上流行的一种方法。

基于模拟器进行实验是一种很好的方式，有时其效果甚至比实物实验效果更好。本书设计和编写了 8 个实验，这些实验都是基于作者自主开发的具有自主版权的 Tomasulo 模拟器和 ROB 模拟器。这 8 个实验具体如下。

（1）MIPS 指令系统和 MIPS 体系结构。

（2）流水线及流水线中的冲突。

（3）指令调度和延迟分支。

（4）Cache 性能分析。

（5）Tomasulo 算法。

（6）再定序缓冲（ROB）工作原理。

（7）多 Cache 一致性——监听协议。

（8）多 Cache 一致性——目录协议。

每个实验都由实验目的、实验平台、实验内容和步骤、MIPSsim 使用手册以及相关知识五部分构成。其中，"相关知识"部分系统地论述了与实验相关的知识，读者在实验前可以对其进行阅读和复习。

本书提供作者专门为系统结构实验开发的一套运行于 Windows 平台的模拟器，读者可以扫描封底的文泉云盘防盗码，再扫描目录上方的二维码下载。

本书的大部分编写工作由同济大学的李江峰和山东交通学院的杨万春完成，同济大学的王冬青和国防科技大学的沈立也参与了不少编写工作。全书由同济大学的张晨曦统筹和总体设计。

本书可与大多数系统结构教材配合使用，也可作为自学者的辅助教材。

由于作者水平有限，书中难免有不妥之处，敬请读者批评指正。

张晨曦

2025 年 1 月于上海

目　录

实验 1　MIPS 指令系统和 MIPS 体系结构

1.1　实验目的

(1) 了解和熟悉指令级模拟器。

(2) 熟练掌握 MIPSsim 模拟器的操作和使用方法。

(3) 熟悉 MIPS 指令系统及其特点,加深对 MIPS 指令操作语义的理解。

(4) 熟悉 MIPS 体系结构。

1.2　实验平台

实验平台采用指令级和流水线操作级模拟器 MIPSsim。

设计：张晨曦教授,版权所有。

1.3　实验内容和步骤

首先阅读 MIPSsim 模拟器的使用方法(见 1.4 节),然后了解 MIPSsim 的指令系统和汇编语言(见附录 A、附录 B 和附录 C)。

(1) 启动 MIPSsim(双击 MIPSsim.exe)。

(2) 选择"配置"→"流水方式",使模拟器工作在非流水方式下。

(3) 参照 1.4 节的使用说明,熟悉 MIPSsim 模拟器的操作和使用方法。

可以先载入一个样例程序(在本模拟器所在的文件夹下的"样例程序"文件夹中),然后分别以单步执行一条指令、执行多条指令、连续执行、设置断点等的方式运行程序,观察程序的执行情况,观察 CPU 中寄存器和存储器的内容的变化。

(4) 选择"文件"→"载入程序"选项,加载样例程序 alltest.asm,然后查看"代码"窗口,查看程序所在的位置(起始地址为 0x00000000)。

(5) 查看"寄存器"窗口 PC 寄存器的值：[PC]＝0x_____。

(6) 执行 load 和 store 指令,步骤如下。

① 单步执行一条指令(F7)。

② 下一条指令地址为 0x_____,是一条_____(有,无)符号载入_____(字节,半字,字)指令。

③ 单步执行 1 条指令(F7)。

④ 查看 R1 的值,[R1]=0x_____。

⑤ 下一条指令地址为 0x_____,是一条_____(有,无)符号载入_____(字,半字,字)指令。

⑥ 单步执行 1 条指令。

⑦ 查看 R1 的值,[R1]=0x_____。

⑧ 下一条指令地址为 0x_____,是一条____(有,无)符号载入_____(字,半字,字)指令。

⑨ 单步执行 1 条指令。

⑩ 查看 R1 的值,[R1]=0x_____。

⑪ 单步执行 1 条指令。

⑫ 下一条指令地址为 0x_____,是一条保存_____(字,半字,字)指令。

⑬ 单步执行 1 条指令。

⑭ 查看内存 BUFFER 处字的值,值为 0x_____。

(7) 执行算术运算类指令,步骤如下。

① 双击"寄存器"窗口里的 R1,将其值修改为 2。

② 双击"寄存器"窗口里的 R2,将其值修改为 3。

③ 单步执行 1 条指令。

④ 下一条指令地址为 0x_____,是一条加法指令。

⑤ 单步执行 1 条指令。

⑥ 查看 R3 的值,[R3]=0x_____。

⑦ 下一条指令地址为 0x_____,是一条乘法指令。

⑧ 单步执行 1 条指令。

⑨ 查看 LO、HI 的值,[LO]=0x_____,[HI]=0x_____。

(8) 执行逻辑运算类指令,步骤如下。

① 双击"寄存器"窗口里的 R1,将其值修改为 0xFFFF0000。

② 双击"寄存器"窗口里的 R2,将其值修改为 0xFF00FF00。

③ 单步执行 1 条指令。

④ 下一条指令地址为 0x_____,是一条逻辑与运算指令,第二个操作数寻址方式是_____(寄存器直接寻址,立即数寻址)。

⑤ 单步执行 1 条指令。

⑥ 查看 R3 的值,[R3]=0x_____。

⑦ 下一条指令地址为：0x_____，是一条逻辑或指令，第二个操作数寻址方式是_____（寄存器直接寻址，立即数寻址）。

⑧ 单步执行 1 条指令。

⑨ 查看 R3 的值，[R3]＝0x_____。

（9）执行控制转移类指令，步骤如下。

① 双击"寄存器"窗口里的 R1，将其值修改为 2。

② 双击"寄存器"窗口里的 R2，将其值修改为 2。

③ 单步执行 1 条指令。

④ 下一条指令地址为 0x_____，是一条 BEQ 指令，其测试条件是_____，目标地址为 0x_____。

⑤ 单步执行 1 条指令。

⑥ 查看 PC 的值，[PC]＝0x_____，表明分支_____（成功，失败）。

⑦ 下一条指令地址是一条 BGEZ 指令，其测试条件是_____，目标地址为 0x_____。

⑧ 单步执行 1 条指令。

⑨ 查看 PC 的值，[PC]＝0x_____，表明分支_____（成功，失败）。

⑩ 下一条指令地址是一条 BGEZAL 指令，其测试条件是_____，目标地址为 0x_____。

⑪ 单步执行 1 条指令。

⑫ 查看 PC 的值，[PC]＝0x_____，表明分支_____（成功，失败）；查看 R31 的值，[R31]＝0x_____。

⑬ 单步执行 1 条指令。

⑭ 查看 R1 的值，[R1]＝0x_____。

⑮ 下一条指令地址为 0x_____，是一条 JALR 指令，保存目标地址的寄存器为 R_____，保存返回地址的目标寄存器为 R_____。

⑯ 单步执行 1 条指令。

⑰ 查看 PC 和 R3 的值，[PC]＝0x_____，[R3]＝0x_____。

1.4　MIPSsim 使用手册

1.4.1　启动模拟器

双击 MIPSsim.exe，即可启动该模拟器。MIPSsim 是在 Windows 操作系统上运行的程序，它需要用 .NET 运行环境。

模拟器启动时，自动将自己初始化为默认状态。所设置的默认值为：

◆ 所有通用寄存器和浮点寄存器为全 0;

◆ 内存清零;

◆ 流水寄存器为全 0;

◆ 清空时钟图、断点、统计数据;

◆ 内存大小为 4096B;

◆ 载入起始地址为 0;

◆ 浮点加法、乘法、除法部件的个数均为 1;

◆ 浮点加法、乘法、除法运算延迟分别为 6、7、10 个时钟周期;

◆ 采用流水方式;

◆ 不采用定向机制;

◆ 不采用延迟槽;

◆ 采用符号地址;

◆ 采用绝对周期计数。

当模拟器工作在非流水方式下(配置菜单中的"流水方式"前没有√号)时,下面叙述中有关流水段的内容都没有意义,应该忽略。

1.4.2　MIPSsim 的窗口

在流水方式下,模拟器主界面中共有 7 个子窗口,它们是代码窗口、寄存器窗口、流水线窗口、时钟周期图窗口、内存窗口、统计窗口和断点窗口。每一个窗口都可以被收起(变成小图标)、展开、拖动位置和放大/缩小。当要看窗口的全部内容时,可以将其放大到最大。

在非流水方式下,只有代码窗口、寄存器窗口、内存窗口和断点窗口。

1. 代码窗口

代码窗口给出内存中代码的列表,每条指令占一行,按地址顺序排列。每行有 5 列(当全部显示时):地址、断点标记、机器码、流水段和符号指令,如图 1.1 所示。

图 1.1　代码窗口

图 1.1 中不同底色的行代表相应的指令所处的执行段。黄色代表 IF 段,绿色代表 ID 段,红色代表 EX 段,青色代表 MEM 段,棕色代表 WB 段。

该窗口中各列的含义如下。

◆ 地址:以十六进制的形式给出。内存是按字节寻址的,每条指令占 4 字节。当采用符号地址时,会在相应的位置给出汇编程序中出现的标号。

◆ 断点标记:如果在该指令处设有断点,则显示相应的标记。断点标记的形式为 B.X(X 为段名),表示该断点是设置在该指令的 X 段。例如,若某行的断点标记为 B.EX,则表示在该指令的 EX 段设置了断点。

当模拟器工作在非流水方式下时,断点的标记为 B。

◆ 机器码:该行所对应的指令的十六进制机器码。若该行无指令,则仅仅显示 4 字节数据。

◆ 流水段:表示当该指令正在执行时,它在当前周期该指令所处的流水段。当模拟器工作在非流水方式下时,它没有意义。

◆ 符号指令:机器代码所对应的符号指令。

在该窗口中选中某行(单击鼠标),然后右击鼠标,弹出菜单“设置断点”和“清除断点”,它们分别用于在所选指令处设置断点和清除断点。

◆ 设置断点:选择(单击)要设断点的指令后右击鼠标→“设置断点”,弹出“设置断点”对话框,在“段”的下拉框中选择断点所在的流水段(在非流水方式下,不存在该下拉框),单击“确定”按钮即可。

◆ 清除断点:选择(单击)指令后右击鼠标→“清除断点”,则设置在该指令处的断点被删除。

2. 寄存器窗口

寄存器窗口显示 MIPSsim 模拟器中寄存器的内容。如图 1.2 所示,共有 4 组寄存器:通用寄存器、浮点寄存器、特殊寄存器和流水寄存器,分为 4 栏显示,每一栏下分别对应各自的数据格式选项。

图 1.2   寄存器窗口

1) 通用寄存器

MIPS64 有 32 个 64 位通用寄存器：R0,R1,…,R31,简称为 GPRs(General-Purpose Registers),有时也称为整数寄存器。R0 的值永远是 0。

通过数据格式选项,可以选择显示的格式是十进制还是十六进制。

2) 浮点寄存器

MIPS64 有 32 个 64 位浮点寄存器：F0,F1,…,F31,简称为 FPRs(Floating-Point Registers)。它们既可以用来存放 32 个单精度浮点数(32 位),也可以用来存放 32 个双精度浮点数(64 位)。存储单精度浮点数(32 位)时,只用到 FPRs 的一半,其另一半没用。

3) 特殊寄存器

特殊寄存器有以下 4 个。

◆ PC：程序计数器(32 位)。
◆ LO：乘法寄存器的低位。
◆ HI：乘法寄存器的高位。
◆ FCSR：浮点状态寄存器。

4) 流水寄存器

◆ IF/ID. IR：流水段 IF 与 ID 之间的指令寄存器。
◆ IF/ID. NPC：流水段 IF 与 ID 之间的下一指令程序计数器。
◆ ID/EX. A：流水段 ID 与 EX 之间的第一操作数寄存器。
◆ ID/EX. B：流水段 ID 与 EX 之间的第二操作数寄存器。
◆ ID/EX. Imm：流水段 ID 与 EX 之间的立即数寄存器。
◆ ID/EX. IR：存放从 IF/ID. IR 传过来的指令。
◆ EX/MEM. ALUo：流水段 EX 与 MEM 之间的 ALU 计算结果寄存器。
◆ EX/MEM. IR：存放从 ID/EX. IR 传过来的指令。
◆ MEM/WB. LMD：流水段 MEM 与 WB 之间的数据寄存器,用于存放从存储器读出的数据。
◆ MEM/WB. ALUo：存放从 EX/MEM. ALUo 传过来的计算结果。
◆ MEM/WB. IR：存放从 EX/MEM. IR 传过来的指令。

除了流水寄存器外,其他寄存器都可以修改。只要双击某寄存器所在的行,系统就会弹出一个小对话框。该对话框显示了该寄存器原来的值,在新值框中填入新的值,然后单击"保存"按钮,系统就会将新值写入该寄存器。

3. 流水线窗口

流水线窗口显示流水线在当前配置下的组成以及该流水线的各段在当前周期正在处理的指令,如图 1.3 所示。

非流水方式下,没有流水线窗口。

在该窗口中,每个矩形方块代表一个流水段,它们用不同的颜色填充。在该窗口的左侧是 IF 到 WB 段,其右边为浮点部件。浮点部件分为浮点加法部件(fadd)、浮点乘法部件(fmul)和浮点除法部件(fdiv)三种。在菜单"配置"→"常规配置"中修改浮点部件个数,可看到该窗口中对应类型的浮点部件个数会发生相应的变化。

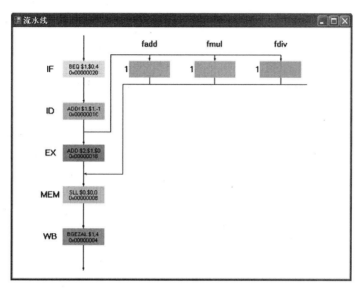

图 1.3　流水线窗口

在运行过程中,各段的矩形方块中会显示该段正在处理的指令及其地址(十六进制)。当双击某矩形方块时,会弹出窗口显示该段出口处的流水寄存器的内容(十六进制)。

4. 时钟周期图窗口

时钟周期图窗口用于显示程序执行的时间关系,画出各条指令执行时所用的时钟周期。非流水方式下,没有时钟周期图窗口。

以窗口左上为原点,横轴正方向指向右方,表示模拟器先后经过的各个周期(列),纵轴正方向指向下方,表示模拟器中先后执行的各条指令(行),如图 1.4 所示。

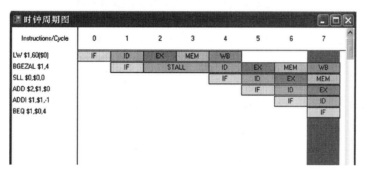

图 1.4　时钟周期图窗口

横坐标有相对周期计数和绝对周期计数两种不同的表示形式。在默认的绝对周期计数下,按 0、1、2……依次递增的顺序计数。在相对周期计数下,当前周期记为第 0 个周期,而其余周期(在左边)则按其相对于当前周期的位置,分别记为 -1、-2、-3……。

在由指令轴和周期轴组成的二维空间下,坐标 (n,i) 对应的矩形区域表示指令 i 在第 $n+1$ 周期时所经过的流水段(假设采用绝对周期计数)。

双击某行时,会弹出一个小窗口,显示该指令在各流水段所进行的处理。

该窗口中还显示定向的情况,这是用箭头来表示的。若在第 m 周期和第 $m+1$ 周期间产生从指令 i_1 到指令 i_2 的定向,则在坐标 (m,i_1) 和 $(m+1,i_2)$ 表示的矩形区域之间会有一个箭头。

5. 内存窗口

内存窗口显示模拟器内存中的内容,左侧一栏为十六进制地址,右侧为数据,如图 1.5 所示。可以直接通过双击来修改其内容,这时会弹出一个"内存修改"对话框,如图 1.6 所示。对话框的上部区域为数据类型与格式选择区,通过勾选其中的一项,就可以指定所采用的数据类型与格式。

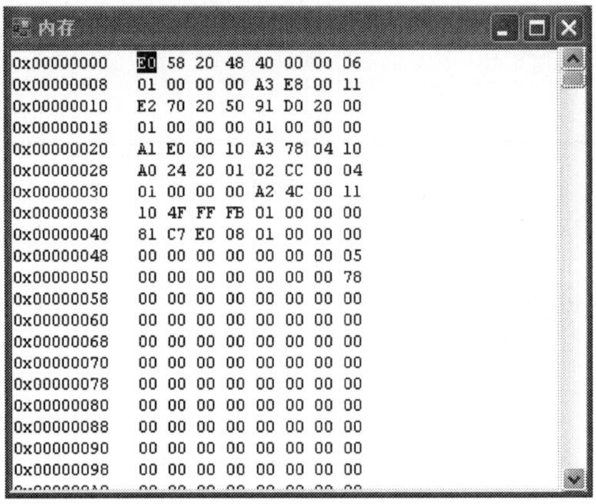

图 1.5　内存窗口

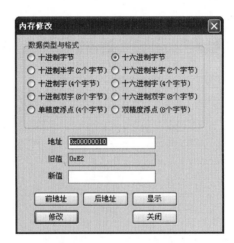

图 1.6　"内存修改"对话框

在"内存修改"对话框中,地址框最开始显示的是被双击单元的地址,用户可以直接修改该地址。在"新值"框中输入新值,然后单击"修改"按钮,模拟器就会把新值写入内存中相应的单元。新值的格式必须与所选的数据类型和格式一致。

"前地址"与"后地址"按钮分别将当前地址减少和增加一个数据长度(字节数),并显示当前地址所指定单元的内容。"前地址"和"后地址"用于连续修改一片的内存数据。"显示"按钮用于显示当前地址所指单元的内容。修改地址后,单击"显示"按钮就可以显示内存单元的内容。

6. 统计窗口

统计窗口显示模拟器统计的各项数据,如下所示。

(非流水方式下,没有该窗口)

(1) 汇总:

执行周期总数:0

ID 段执行了 0 条指令

(2) 硬件配置:

内存容量: 4096 B

加法器个数:1	执行时间(周期数):6
乘法器个数:1	执行时间(周期数):7
除法器个数:1	执行时间(周期数):10

定向机制:不采用

(3) 停顿(周期数):

RAW 停顿:0	占周期总数的百分比:0%
其中:	
load 停顿:0	占所有 RAW 停顿的百分比:0%
分支/跳转停顿:0	占所有 RAW 停顿的百分比:0%
浮点停顿:0	占所有 RAW 停顿的百分比:0%
WAW 停顿:0	占周期总数的百分比:0%
结构停顿:0	占周期总数的百分比:0%
控制停顿:0	占周期总数的百分比:0%
自陷停顿:0	占周期总数的百分比:0%
停顿周期总数:0	占周期总数的百分比:0%

(4) 分支指令:

指令条数:0	占指令总数的百分比:0%
其中:	
分支成功:0	占分支指令数的百分比:0%
分支失败:0	占分支指令数的百分比:0%

(5) load/store 指令:

指令条数:0	占指令总数的百分比:0%
其中:	
load:0	占 load/store 指令数的百分比:0%
store:0	占 load/store 指令数的百分比:0%

(6) 浮点指令:

指令条数:0   占指令总数的百分比:0%

其中:

加法:0   占浮点指令数的百分比:0%

乘法:0   占浮点指令数的百分比:0%

除法:0   占浮点指令数的百分比:0%

(7) 自陷指令:

指令条数:0   占指令总数的百分比:0%

7. 断点窗口

断点一般是指指定的一条指令,当程序执行到该指令时,会中断执行,暂停在该指令上。在本模拟器中,断点可以设定在某条指令的某一个流水段上(如果是在流水方式下)。当该指令执行到相应的流水段时,会中断执行。

断点窗口列出当前已经设置的所有断点,每行一个。断点由 3 部分构成:地址(十六进制)、流水段名称、符号指令,如图 1.7 所示(在非流水方式下,"段"没有意义)。

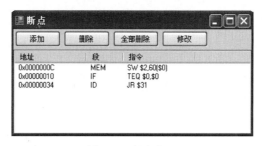

图 1.7 断点窗口

断点窗口上方有四个按钮:添加、删除、全部删除、修改。

1) 添加

单击"添加"按钮,会弹出小对话框"设置断点",在"地址"框中输入断点的十六进制地址,在"段"的下拉框中选择在哪个流水段中断(非流水方式下,不需要该操作,下同),单击"确定"按钮即可。

2) 删除

选中某个断点(单击断点列表中相应的一项),单击"删除"按钮,则该断点被清除。

3) 全部删除

单击"全部删除"按钮,所有断点都将被清除。

4) 修改

选中某个断点,单击"修改"按钮,会弹出"设置断点"对话框,在"地址"框中输入断点的地址,在"段"的下拉框中选择在哪个流水段中断,单击"确定"按钮即可将原断点修改为新设断点。

1.4.3　MIPSsim 的菜单

1. 文件菜单

文件菜单如图 1.8 所示。

1）CPU 复位

将模拟器中 CPU 的状态复位为默认值。

2）全部复位

将整个模拟器的状态复位为默认值。模拟器启动时，也是将状

图 1.8　文件菜单

态设置为默认值。

3）载入程序

将要模拟执行的程序载入模拟器的内存。被模拟程序可以是汇编程序（.s 文件），也可以是汇编后的代码（.bin 文件）。单击该菜单后，系统将弹出"载入"对话框，选择要载入的文件，然后单击"打开"按钮。如果是.s 文件，系统会对该文件进行汇编。若汇编过程无错误，则将产生的二进制代码载入模拟器的内存；若有错误，则报告错误信息。如果是.bin 文件，则直接将该文件的内容载入模拟器内存。

被载入程序在内存中连续存放，其起始地址默认为 0。该起始地址可以从"代码"菜单中的"载入起始地址"来查看和修改。修改时，如果输入的地址不是 4 的整数倍，模拟器会自动将其归整为 4 的整数倍。

4）退出

退出模拟器。

2. 执行菜单

该菜单提供了对模拟器执行程序进行控制的功能。在下面的执行方式中，除了单步执行，当遇到断点或者用户手动中止（用"中止"菜单项）时，模拟器将立即暂停执行。

在流水方式下，执行菜单如图 1.9 所示。

在非流水方式下，执行菜单如图 1.10 所示。

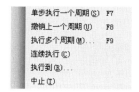　　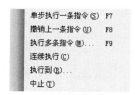

图 1.9　流水方式下的执行菜单　　图 1.10　非流水方式下的执行菜单

1）单步执行一个周期

执行一个时钟周期，然后暂停。其快捷键为 F7，该菜单仅出现在流水方式下。

2）撤销上一个周期

模拟器回退一个时钟周期，即恢复到执行该周期之前的状态。其快捷键为 F8，该菜

单仅出现在流水方式下。

3）执行多个周期

执行多个时钟周期,然后暂停。单击该菜单后,系统会弹出一个小对话框,由用户指定要执行的周期的个数,该菜单仅出现在流水方式下。

4）连续执行

从当前状态开始连续执行程序,直到程序结束或遇到断点或用户手动中止。

5）执行到

单击该菜单项后,系统会弹出一个"设定终点"小对话框,由用户指定此次执行的终点,即在哪条指令的哪个流水段暂停。单击"确定"按钮后,模拟器即开始执行程序,直到到达终点位置或遇到断点或用户手动中止。所输入的终点地址将被归整为 4 的整数倍。

6）中止

单击该菜单项后,模拟器会立即暂停执行。当模拟器执行程序出现长期不结束的状况时,可用该菜单强行使模拟器停止执行。

7）单步执行一条指令

执行一条指令,然后暂停。该指令的地址由当前的 PC 给出。其快捷键为 F7,该菜单仅出现在非流水方式下。

8）撤销上一条指令

模拟器回退一条指令,即恢复到执行该指令之前的状态。其快捷键为 F8,该菜单仅出现在非流水方式下。

9）执行多条指令

执行多条指令,然后暂停。单击该菜单项后,系统会弹出一个小对话框,由用户指定要执行的指令的条数。

3. 内存菜单

内存菜单包括 3 项:显示、修改、符号表。

1）显示

显示菜单项用于设置显示内存的值的数据类型与格式。单击该菜单项后,系统会弹出"内存显示"对话框,如图 1.11 所示。在选定所要的数据类型与格式后,单击"确定"按钮,内存窗口中的数据就会按指定的数据类型与格式显示。

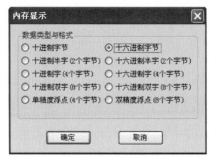

图 1.11　内存显示窗口

2）修改

修改菜单项用于对内存的值进行修改。单击该菜单项后,系统会弹出"内存修改"对话框,该对话框与图 1.6 的"内存修改"相同,请参见相关的论述。

3）符号表

符号表菜单项用于显示符号表。符号表中列出了当前被执行的程序中各符号的地址(内存地址)。

4. 代码菜单

1）载入起始地址

该菜单项用于显示和修改代码载入内存的起始地址。如果要修改,只要在弹出的"载入起始地址"对话框中输入新的地址,然后单击"确定"按钮即可。

2）设置断点

单击该菜单项,会弹出"设置断点"小对话框,输入断点地址,并在"段"的下拉框中选择断点所在的流水段(在非流水方式下,不存在该下拉框),单击"确定"按钮即可。

3）取消断点

在代码窗口中选择某条指令,然后单击该菜单项,则设置在该指令处的断点被删除。

4）清除所有断点

清除所有断点。

5. 配置菜单

配置菜单用于修改模拟器的配置,如图 1.12 所示。需要注意的是,修改配置将会使模拟器复位。

1）常规配置

该菜单项用于查看和设置以下参数(其默认值见 1.4.1 节):

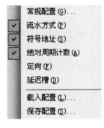

图 1.12　配置菜单

- ◆ 内存容量;
- ◆ 浮点加法运算部件个数;
- ◆ 浮点乘法运算部件个数;
- ◆ 浮点除法运算部件个数;
- ◆ 浮点加法运算延迟周期数;
- ◆ 浮点乘法运算延迟周期数;
- ◆ 浮点除法运算延迟周期数。

可以直接修改这些参数,然后单击"确定"按钮即可。

2）流水方式

"流水方式"开关。当该项被勾选(即其前面有个√号)时,模拟器按流水方式工作,能模拟流水线的工作过程;否则(即没有被勾选)按串行方式执行程序。

该项的勾选和去选(即去掉其前面的√号)都是通过单击该项来实现的,下同。

当从流水方式切换为非流水方式(或相反)时,系统将强行使模拟器的状态复位。

3）符号地址

"符号地址"开关。当该项被勾选时,代码窗口中的代码将显示原汇编程序中所采用的标号,否则(即没有被勾选)就不显示。

4）绝对周期计数

"绝对周期计数"开关。当该项被勾选时,时钟周期图窗口中的横坐标将显示为绝对周期,即时钟周期按 0、1、2……顺序递增的顺序计数;否则(即没有被勾选)按相对周期计数,即把当前周期记为第 0 个周期,而其余周期(在左边)则按其相对于当前周期的位置,分别记为-1、-2、-3……。

在非流水方式下,该菜单项不起作用(变灰)。

5）定向

"定向"开关,用于指定是否采用定向技术。当该项被勾选时,模拟器在执行程序时将采用定向技术,否则就不采用。

在非流水方式下,该菜单项不起作用(变灰)。

6）延迟槽

"延迟槽"开关,用于指定是否采用延迟分支技术。当该项被勾选时,模拟器在执行程序时将采用一个延迟槽,否则就不采用。

在非流水方式下,该菜单项不起作用(变灰)。

7）载入配置

用于将一个配置文件(.cfg)载入模拟器,模拟器将按该文件进行配置并复位。单击该菜单项,系统将弹出"打开"对话框,让用户指定所要载入的配置文件。

8）保存配置

用于将模拟器当前的配置保存到一个配置文件(.cfg)中,以便以后重用。单击该菜单项,系统将弹出"保存文件"对话框,让用户指定配置文件的名称和位置。

6. 窗口菜单

1）平铺

将当前已打开的子窗口平铺在主窗口中。

2）层叠

将当前已打开的子窗口层叠在主窗口中。

3）打开所有

将所有子窗口都打开。

4）收起所有

将所有子窗口最小化。

5）选择子窗口

在该菜单中,还列出了所有的子窗口的名称,选择其中的任一个,将使该窗口被选中,并被提到最上层。

7. 帮助菜单

该菜单下有两项:"帮助"和"关于 MIPSsim"。前者提供用户手册,后者给出关于

MIPSsim 的版权信息和设计开发者信息。

1.5　相关知识：MIPS 指令系统

1981 年，Stanford 大学的 Hennessy 及其同事们发表了他们的 MIPS 计算机，后来，在此基础上形成了 MIPS 系列微处理器。到目前为止，已经出现了许多版本的 MIPS。下面将介绍 MIPS64 的一个子集，并将它简称为 MIPS。

1.5.1　MIPS 的寄存器

MIPS64 有 32 个 64 位通用寄存器，即 R0,R1,…,R31，简称为 GPRs，还有 32 个 64 位浮点寄存器，即 F0,F1,…,F31，简称为 FPRs。存储单精度浮点数（32 位）时，只用到 FPRs 的一半，其另一半没用。MIPS 提供了单精度和双精度（32 位和 64 位）操作的指令，而且还提供了在 FPRs 和 GPRs 之间传送数据的指令。

另外，还有一些特殊寄存器，如浮点状态寄存器，它们可以与通用寄存器交换数据，浮点状态寄存器用来保存有关浮点操作结果的信息。

1.5.2　MIPS 的数据表示

MIPS 的数据表示如下：
(1) 整数：字节（8 位）、半字（16 位）、字（32 位）和双字（64 位）。
(2) 浮点数：单精度浮点数（32 位）和双精度浮点数（64 位）。
之所以设置半字操作数类型，是因为在类似于 C 的高级语言中有这种数据类型，而且在操作系统等程序中也很常用，这些程序很重视数据所占的空间大小。设置单精度浮点操作数也是基于类似的原因。

MIPS64 的操作是针对 64 位整数以及 32 位或 64 位浮点数进行的。字节、半字或者字在装入 64 位寄存器时，用零扩展或者符号位扩展来填充该寄存器的剩余部分。装入以后，对它们将按照 64 位整数的方式进行运算。

1.5.3　MIPS 的数据寻址方式

MIPS 的数据寻址方式只有立即数寻址和偏移量寻址两种，立即数字段和偏移量字段都是 16 位的。寄存器间接寻址是通过把 0 作为偏移量来实现的，16 位绝对寻址是通过把 R0（其值永远为 0）作为基址寄存器来完成的，这样实际上就有了 4 种寻址方式。

MIPS 的寻址方式是编码到操作码中的。

MIPS 的存储器是按字节寻址的，地址为 64 位。由于 MIPS 是 load-store 结构，

GPRs 和 FPRs 与存储器之间的数据传送都是通过 load 和 store 指令来完成的。与 GPRs
有关的存储器访问可以是字节、半字、字或双字,与 FPRs 有关的存储器访问可以是单精
度浮点数或双精度浮点数,所有存储器访问都必须是边界对齐的。

1.5.4 MIPS 的指令格式

为了使处理器更容易进行流水实现和译码,所有的指令都是 32 位的,其格式见图 1.13。
这些指令格式很简单,其中操作码占 6 位。MIPS 按不同类型的指令设置不同的格式,共
有 3 种格式,它们分别对应于 I 类指令、R 类指令、J 类指令。在这 3 种格式中,同名字段
的位置固定不变。

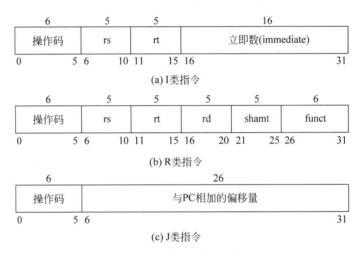

图 1.13   MIPS 的指令格式

1. I 类指令

这类指令包括所有的 load 和 store 指令、立即数指令、分支指令、寄存器跳转指令、寄
存器链接跳转指令。其格式如图 1.13(a)所示,其中的立即数字段为 16 位,用于提供立
即数或偏移量。

1) load 指令

访存有效地址为 Regs[rs]+immediate,从存储器取来的数据放入寄存器 rt。

2) store 指令

访存有效地址为 Regs[rs]+immediate,要存入存储器的数据放在寄存器 rt 中。

3) 立即数指令

Regs[rt]←Regs[rs] op immediate

4) 分支指令

转移目标地址为 Regs[rs]+immediate,rt 无用。

5) 寄存器跳转、寄存器跳转并链接

转移目标地址为 Regs[rs]。

2. R 类指令

R 类指令包括 ALU 指令、专用寄存器读/写指令、move 指令等。

ALU 指令：

Regs[rd]←Regs[rs] funct Regs[rt]

funct 为具体的运算操作编码。

3. J 类指令

J 类指令包括跳转指令、跳转并链接指令、自陷指令、异常返回指令。在这类指令中，指令字的低 26 位是偏移量，它与 PC 值相加形成跳转的地址。

1.5.5　MIPS 的部分指令介绍

MIPS 指令可以分为 4 大类：load 和 store 指令、ALU 指令、控制指令、浮点指令。

1. load 和 store 指令

除了 R0 外，所有通用寄存器与浮点寄存器都可以进行 load 或 store。表 1.1 给出了 load 和 store 指令的一些具体例子。单精度浮点数占用浮点寄存器的一半，单精度与双精度之间的转换必须显式地进行。浮点数的格式是 IEEE 754。

表 1.1　MIPS 的 load 和 store 指令的例子

指 令 举 例	指 令 名 称	含　　义
LD R2,20(R3)	装入双字	$Regs[R2] \leftarrow_{64} Mem[20+Regs[R3]]$
LW R2,40(R3)	装入字	$Regs[R2] \leftarrow_{64} (Mem[40+Regs[R3]]_0)^{32} \#\# Mem[40+Regs[R3]]$
LB R2,30(R3)	装入字节	$Regs[R2] \leftarrow_{64} (Mem[30+Regs[R3]]_0)^{56} \#\# Mem[30+Regs[R3]]$
LBU R2,40(R3)	装入无符号字节	$Regs[R2] \leftarrow_{64} 0^{56} \#\# Mem[40+Regs[R3]]$
LH R2,30(R3)	装入半字	$Regs[R2] \leftarrow_{64} (Mem[30+Regs[R3]]_0)^{48} \#\# Mem[30+Regs[R3]] \#\# Mem[31+Regs[R3]]$
L.S F2,60(R4)	装入单精度浮点数	$Regs[F2] \leftarrow_{64} Mem[60+Regs[R4]] \#\# 0^{32}$
L.D F2,40(R3)	装入双精度浮点数	$Regs[F2] \leftarrow_{64} Mem[40+Regs[R3]]$
SD R4,300(R5)	保存双字	$Mem[300+Regs[R5]] \leftarrow_{64} Regs[R4]$
SW R4,300(R5)	保存字	$Mem[300+Regs[R5]] \leftarrow_{32} Regs[R4]$
S.S F2,40(R2)	保存单精度浮点数	$Mem[40+Regs[R2]] \leftarrow_{32} Regs[F2]_{0..31}$
SH R5,502(R4)	保存半字	$Mem[502+Regs[R4]] \leftarrow_{16} Regs[R5]_{48..63}$

说明：要求内存的值必须是边界对齐。

在下面解释指令的操作时,我们采用了类似于 C 语言的描述语言。符号的意义如下:

- Regs 表示寄存器组。
- Mem 表示主存,按字节寻址。
- 方括号表示内容,Mem[ ]表示存储器的内容,Regs[ ]表示寄存器的内容。
- "x←$_n$ y"表示从 y 传送 n 位到 x。"x,y←z"表示把 z 传送到 x 和 y。
- 用下标表示字段中具体的位。对于指令和数据,按从最高位到最低位(即从左到右)的顺序依次进行编号,最高位为第 0 位,次高位为第 1 位,依此类推。下标可以是一个数字,也可以是一个范围。例如,Regs[R4]$_0$ 表示寄存器 R4 的符号位,Regs[R4]$_{56..63}$ 表示 R4 的最低字节。
- 上标用于表示对字段进行复制的次数。例如 0^{32} 表示一个 32 位长的全 0 字段。
- 符号 ## 用于两个字段的拼接,并且可以出现在数据传送的任何一边。

下面举个例子。假设 R8 和 R6 是 64 位的寄存器,则

Regs[R8]$_{32..63}$ ←$_{32}$ (Mem [Regs[R6]]$_0$)^{24} ## Mem [Regs[R6]]

表示的意义是:以 R6 的内容作为地址访问主存,得到的字节按符号位扩展为 32 位后存入 R8 的低 32 位,R8 的高 32 位(即 Regs[R8]$_{0..31}$)不变。

2. ALU 指令

MIPS 中所有的 ALU 指令都是寄存器—寄存器型(RR 型)或立即数型的。运算操作包括算术和逻辑操作,如加、减、与、或、异或和移位等。表 1.2 中给出了一些例子,所有这些指令都支持立即数寻址模式,参与运算的立即数是由指令中的 immediate 字段(低16 位)经符号位扩展后生成。

表 1.2   MIPS 中 ALU 指令的例子

指令举例	指令名称	含义
DADDU R1,R2,R3	无符号加	Regs[R1]←Regs[R2]+Regs[R3]
DADDIU R4,R5,#6	加无符号立即数	Regs[R4]←Regs[R5]+6
LUI R1,#4	把立即数装入一个字的高 16 位	Regs[R1]←0^{32} ## 4 ## 0^{16}
DSLL R1,R2,#5	逻辑左移	Regs[R1]←Regs[R2]<<5
DSLT R1,R2,R3	置小于	If(Regs[R2]<Regs[R3]) Regs[R1]←1 else Regs[R1]←0

R0 的值永远是 0,它可以用来合成一些常用的操作。例如:

DADDIU R1,R0,#100   //给寄存器 R1 装入常数 100

又如:

DADD R1,R0,R2   //把寄存器 R2 中的数据传送到寄存器 R1

3. 控制指令

表 1.3 给出了 MIPS 的几种典型的跳转和分支指令。跳转是无条件转移,而分支则都是条件转移。根据跳转指令确定目标地址的方式不同以及跳转时是否链接,可以把跳转指令分成 4 种。在 MIPS 中,确定转移目标地址的一种方法是把指令中的 26 位偏移量左移 2 位(因为指令字长都是 4 字节)后,替换程序计数器的低 28 位;另一种方法是由指令中指定的一个寄存器来给出转移目标地址,即间接跳转。简单跳转很简单,就是把目标地址送入程序计数器。而跳转并链接则要比简单跳转多一个操作,即把返回地址(即顺序下一条指令的地址)放入寄存器 R31。跳转并链接用于实现过程调用。

表 1.3　典型的 MIPS 控制指令

指 令 举 例	指 令 名 称	含 义
J　　name	跳转	$PC_{36..63} \leftarrow name$
JAL　　name	跳转并链接	$Regs[R31] \leftarrow PC+4$; $PC_{36..63} \leftarrow name$; $((PC+4)-2^{27}) \leqslant name < ((PC+4)+2^{27})$
JALR　R3	寄存器跳转并链接	$Regs[R31] \leftarrow PC+4$; $PC \leftarrow Regs[R3]$
JR　R5	寄存器跳转	$PC \leftarrow Regs[R5]$
BEQZ　R4,name	等于零时分支	$if(Regs[R4]==0)\ PC \leftarrow name$; $((PC+4)-2^{17}) \leqslant name < ((PC+4)+2^{17})$
BNE　R3,R4,name	不相等时分支	$if(Regs[R3]!=Regs[R4])\ PC \leftarrow name$; $((PC+4)-2^{17}) \leqslant name < ((PC+4)+2^{17})$
MOVZ　R1,R2,R3	等于零时移动	$if(Regs[R3]==0)\ Regs[R1] \leftarrow Regs[R2]$

说明:除了以寄存器中的内容作为目标地址进行跳转以外,所有其他控制指令的跳转地址都是相对于 PC 的。

所有的分支指令都是条件转移。分支条件由指令确定,例如可能是测试某个寄存器的值是否为零。该寄存器可以是一个数据,也可以是前面一条比较指令的结果。MIPS 提供了一组比较指令,用于比较两个寄存器的值。例如,"置小于"指令,如果第一个寄存器中的值小于第二个寄存器,则该比较指令在目的寄存器中放置一个 1(代表真),否则将放置一个 0(代表假)。类似的指令还有"置等于""置不等于"等。这些比较指令还有一套与立即数进行比较的形式。

有的分支指令可以直接判断寄存器内容是否为负,或者比较两个寄存器是否相等。

分支的目标地址由 16 位带符号偏移量左移两位后和 PC 相加的结果来决定。另外,还有一条浮点条件分支指令,该指令通过测试浮点状态寄存器来决定是否进行分支。

4. 浮点指令

浮点指令对浮点寄存器中的数据进行操作,并由操作码指出操作数是单精度(SP)还是双精度(DP)的。在指令助记符中,用后缀 S 和 D 分别表示操作数是单精度还是双精度浮点数。例如,MOV.S 和 MOV.D 分别是把一个单精度浮点寄存器(MOV.S)或一个双精度浮点寄存器(MOV.D)中的值复制到另一个同类型的寄存器中。MFC1 和 MTC1 是在一个单精度浮点寄存器和一个整数寄存器之间传送数据。另外,MIPS 还设置了在整数与浮点数之间进行相互转换的指令。

　　浮点操作包括加、减、乘、除,分别有单精度和双精度指令。例如,加法指令 ADD. D(双精度)和 ADD. S(单精度),减法指令 SUB. D 和 SUB. S 等。浮点数比较指令会根据比较结果设置浮点状态寄存器中的某一位,以便于后面的分支指令 BC1T(若真则分支)或 BC1F(若假则分支)测试该位,以决定是否进行分支。

1.5.6　汇编程序举例

```
.data
.globl main
.text
main:
ADDU $r4, $r3, $r2
NOR $r5, $r6, $r7
SLL $r8, $r9,3
MTHI $r10
dfs
DMTC1 $r11, $f1
BGTZ $r12,loop
J main
loop:
LWU $r13,2( $r14)
SDC1 $f2,4( $r15)
TLT $r16, $r17
SUB.S $f3, $f4, $f5
BC1F 3,loop
CVT.S.W $f6, $f7
SYSCALL

.data
.align 4
arr: .byte 1,2,3
str: .asciiz "abcd"
db: .double 1.1,1.2
.extern label 10
ft: .float 1.0
.space   9
```

实验 2　流水线及流水线中的冲突

2.1　实验目的

（1）加深对计算机流水线基本概念的理解。

（2）理解 MIPS 结构如何用 5 段流水线来实现，理解各段的功能和基本操作。

（3）加深对数据冲突、结构冲突的理解，理解这两类冲突对 CPU 性能的影响。

（4）进一步理解解决数据冲突的方法，掌握如何应用定向技术来减少数据冲突引起的停顿。

2.2　实验平台

实验平台采用指令级和流水线操作级模拟器 MIPSsim。

设计：张晨曦教授，版权所有。

2.3　实验内容和步骤

首先要掌握 MIPSsim 模拟器的使用方法（见 1.4 节）。

（1）启动 MIPSsim。

（2）根据预备知识中关于流水线各段操作的描述，进一步理解流水线窗口中各段的功能，掌握各流水寄存器的含义。（双击各段就可以看到各流水寄存器的内容）

（3）参照实验 1.4 节的使用说明，熟悉 MIPSsim 模拟器的操作和使用方法。

可以先载入一个样例程序（在本模拟器所在的文件夹下的"样例程序"文件夹中），然后分别以单步执行一个周期、执行多个周期、连续执行、设置断点等的方式运行程序，观察程序的执行情况，观察 CPU 中寄存器和存储器内容的变化，特别是流水寄存器内容的变化。

（4）选择配置菜单中的"流水方式"，使模拟器工作于流水方式下。

（5）观察程序在流水线中的执行情况，步骤如下。

① 选择 MIPSsim 的"文件"→"载入程序"选项来加载 pipeline.s（在模拟器所在文件夹下的"样例程序"文件夹中）。

② 关闭定向功能。这是通过选择"配置"→"定向"(使该项前面没有√号)来实现的。

③ 用单步执行一周期的方式("执行"菜单中)或用 F7 键执行该程序,观察每一周期中,各段流水寄存器内容的变化、指令的执行情况("代码"窗口),以及时钟周期图。

④ 当执行到第 13 个时钟周期时,各段分别正在处理的指令是:

IF: _____

ID: _____

EX: _____

MEM: _____

WB: _____

画出此时的时钟周期图。

(6) 此时各流水寄存器中的内容为:

IF/ID. IR: _____

IF/ID. NPC: _____

ID/EX. A: _____

ID/EX. B: _____

ID/EX. Imm: _____

ID/EX. IR: _____

EX/MEM. ALUo: _____

EX/MEM. IR: _____

MEM/WB. LMD: _____

MEM/WB. ALUo: _____

MEM/WB. IR: _____

(7) 观察和分析结构冲突对 CPU 性能的影响,步骤如下。

① 加载 structure_hz. s(在模拟器所在文件夹下的"样例程序"文件夹中)。

② 执行该程序,找出存在结构冲突的指令对以及导致结构冲突的部件。

③ 记录由结构冲突引起的停顿时钟周期数,计算停顿时钟周期数占总执行周期数的百分比。

④ 把浮点加法器的个数改为 4 个。

⑤ 再次重复上述步骤①~③的工作。

⑥ 分析结构冲突对 CPU 性能的影响,讨论解决结构冲突的方法。

(8) 观察数据冲突并用定向技术来减少停顿,步骤如下。

① 全部复位。

② 加载 data_hz. s(在模拟器所在文件夹下的"样例程序"文件夹中)。

③ 关闭定向功能。这是通过选择"配置"→"定向"(使该项前面没有√号)来实现的。

④ 用单步执行一个周期的方式(F7)执行该程序,同时查看时钟周期图,列出在什么时刻发生了 RAW(先写后读)冲突。

⑤ 记录数据冲突引起的停顿时钟周期数以及程序执行的总时钟周期数,计算停顿时钟周期数占总执行周期数的百分比。

⑥ 复位 CPU。

⑦ 打开定向功能。这是通过选择"配置"→"定向"(使该项前面有一个√号)来实现的。

⑧ 用单步执行一个周期的方式(F7)执行该程序,同时查看时钟周期图,列出在什么时刻发生了 RAW(先写后读)冲突,并与步骤③的结果进行比较。

⑨ 记录数据冲突引起的停顿时钟周期数以及程序执行的总时钟周期数,计算采用定向技术后性能提高的倍数。

2.4　MIPSsim 使用手册

见实验 1 的 1.4 节。

2.5　相关知识：流水线、相关与冲突

2.5.1　一条经典的 5 段流水线

下面介绍一条经典的 5 段 RISC 流水线。

先考虑在非流水情况下是如何实现的,把一条指令的执行过程分为以下 5 个时钟周期。

1. 取指令周期(IF)

以程序计数器 PC 中的内容作为地址,从存储器中取出指令并放入指令寄存器 IR 中;同时 PC 值加 4(假设每条指令占 4 字节),指向顺序的下一条指令。

2. 指令译码/读寄存器周期(含分支转移)(ID)

对指令进行译码,并用 IR 中的寄存器地址访问通用寄存器组,读出所需的操作数。

对于分支指令来说,还要进行以下操作:

(1) 把指令中给出的偏移量与 PC 值相加,形成转移目标的地址。

(2) 对刚从寄存器组读出的数据进行判断,确定分支是否成功。如果分支成功,则把转移目标地址送入 PC,分支指令执行完成;否则不进行任何操作。

3. 执行/有效地址计算周期(EX)

在这个周期,ALU 对在上一个周期准备好的操作数进行运算或处理,不同指令所进行的操作不同。

(1) load 和 store 指令:ALU 把指令中所指定的寄存器的内容与偏移量相加,形成访存有效地址。

(2) 寄存器—寄存器 ALU 指令:ALU 按照操作码指定的操作对从通用寄存器组中读出的数据进行运算。

(3) 寄存器—立即数 ALU 指令:ALU 按照操作码指定的操作对从通用寄存器组中读出的操作数和指令中给出的立即数进行运算。

4. 存储器访问(MEM)

如果是 load 指令,则用上一个周期计算出的有效地址从存储器中读出相应的数据;如果是 store 指令,则把指定的数据写入这个有效地址所指出的存储器单元。

其他类型的指令在此周期不做任何操作。

5. 写回周期(WB)

把结果写入通用寄存器组。对于 ALU 运算指令来说,这个结果来自 ALU;对于 load 指令来说,这个结果来自存储器。

把上述实现方案改造为流水线实现是比较简单的,只要把上面的每一个周期作为一个流水段,并在各段之间加上锁存器,就构成了如图 2.1 所示的 5 段流水线。这些锁存器称为流水寄存器。如果在每个时钟周期启动一条指令,则采用流水方式后的性能将是非流水方式的 5 倍。当然,事情也没这么简单,还要解决好流水处理带来的一些问题。

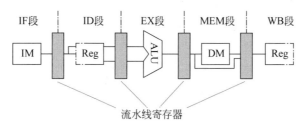

图 2.1   一条经典的 5 段流水线

为了解决对同一通用寄存器的访问冲突,我们把写操作安排在时钟周期的前半拍完成,把读操作安排在后半拍完成。在图 2.1 以及后面的图中,部件 Reg 的边框为实线表示进行读或写操作,虚线则表示不进行操作。

2.5.2   相关与流水线冲突

1. 相关

相关是指两条指令之间存在某种依赖关系。如果指令之间没有任何关系,那么当流水线有足够的硬件资源时,它们就能在流水线中顺利地重叠执行,不会引起任何停顿。但如果两条指令相关,则它们就有可能不能在流水线中重叠执行或者只能部分重叠。研究程序中指令之间存在什么样的相关,对于充分发挥流水线的效率有重要的意义。

相关有 3 种类型,即数据相关(也称真数据相关)、名相关和控制相关。

1) 数据相关

考虑两条指令 i 和 j,i 在 j 的前面(下同),如果下述条件之一成立,则称指令 j 与指令 i 数据相关。

① 指令 j 使用指令 i 产生的结果;

② 指令 j 与指令 k 数据相关,而指令 k 又与指令 i 数据相关。

其中第二个条件表明,数据相关具有传递性。两条指令之间如果存在第一个条件所指出的相关的链,则它们是数据相关的。数据相关反映了数据的流动关系,即如何从其产生者流动到其消费者。

例如,下面这一段代码存在数据相关。

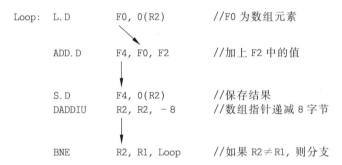

```
Loop:  L.D      F0, 0(R2)        //F0 为数组元素

       ADD.D    F4, F0, F2       //加上 F2 中的值

       S.D      F4, 0(R2)        //保存结果
       DADDIU   R2, R2, - 8      //数组指针递减 8 字节

       BNE      R2, R1, Loop     //如果 R2≠R1,则分支
```

其中,箭头表示必须保证的执行顺序,它由产生数据的指令指向使用该数据的指令。

当数据的流动经过寄存器时,相关的检测比较直观和容易,因为寄存器是统一命名的,同一寄存器在所有指令中的名称都是唯一的。而当数据的流动经过存储器时,检测就比较复杂了,因为形式上相同的地址其有效地址未必相同,如某条指令中的 10(R5)与另一条指令中的 10(R5)可能是不同的(R5 的内容可能发生了变化);而形式不同的地址其有效地址却可能相同。

2) 名相关

这里的名是指指令所访问的寄存器或存储器单元的名称。如果两条指令使用了相同的名,但是它们之间并没有数据流动,则称这两条指令存在名相关。指令 j 与指令 i 之间的名相关有以下两种。

① 反相关。如果指令 j 所写的名与指令 i 所读的名相同,则称指令 i 和 j 发生了反相关。反相关指令之间的执行顺序是必须严格遵守的,以保证 i 读的值是正确的。

② 输出相关。如果指令 j 和指令 i 所写的名相同,则称指令 i 和 j 发生了输出相关。输出相关指令的执行顺序是不能颠倒的,以保证最后的结果是指令 j 写进去的。

与真数据相关不同,名相关的两条指令之间并没有数据的传送,只是使用了相同的名而已。如果把其中一条指令所使用的名换成别的,并不影响另一条指令的正确执行。因此,可以通过改变指令中操作数的名来消除名相关,这就是换名技术。对寄存器操作数进行换名称为寄存器换名。寄存器换名既可以用编译器静态实现,也可以用硬件动态完成。

例如,考虑下述代码:

```
DIV.D    F2,F8,F4
ADD.D    F8,F0,F12
SUB.D    F10,F8,F14
```

DIV.D 和 ADD.D 存在反相关。进行寄存器换名,即把后面的两个 F8 换成 S 后,变成:

```
DIV.D    F2,F8,F4
ADD.D    S,F0,F12
SUB.D    F10,S,F14
```

这就消除了原代码中的反相关。

3) 控制相关

控制相关是指由分支指令引起的相关。它需要根据分支指令的执行结果来确定后面该执行哪个分支上的指令。一般来说,为了保证程序应有的执行顺序,必须严格按照控制相关确定的顺序执行。

2. 流水线冲突

流水线冲突是指对于具体的流水线来说,由于相关的存在,使得指令流中的下一条指令不能在指定的时钟周期开始执行。

流水线冲突有以下 3 种类型。

① 结构冲突:因硬件资源满足不了指令重叠执行的要求而发生的冲突。

② 数据冲突:当指令在流水线中重叠执行时,因需要用到前面指令的执行结果而发生的冲突。

③ 控制冲突:流水线遇到分支指令或其他会改变 PC 值的指令所引起的冲突。

在设计流水线时,需要很好地解决冲突问题。否则,就可能影响流水线的性能甚至导致错误的执行结果。当发生冲突时,往往需要使某些指令推后执行,从而使流水线出现停顿。这会降低流水线的效率和实际的加速比。

在后面的讨论中,我们约定:当一条指令被暂停时,在该暂停指令之后流出的所有指令都要被暂停,而在该暂停指令之前流出的指令则继续进行。显然,在整个暂停期间,流水线不会启动新的指令。

1) 结构冲突

在流水线处理机中,如果某种指令组合因为资源冲突而不能正常执行,则称该处理机有结构冲突。为了能够使各种组合的指令都能顺利地重叠执行,需要对功能部件进行全流水处理或重复设置足够多的资源。

下面以访存冲突为例来说明结构冲突及其解决办法。有些流水线处理机只有一个存储器,数据和指令都存放在这个存储器中。在这种情况下,当执行 load 指令需要访存取数时,若又要同时完成其后某条指令的"取指令",那么就会发生访存冲突,如图 2.2 中带阴影的 M 所示。为了消除这个结构冲突,可以在前一条指令访问存储器时,将流水线停顿一个时钟周期,推迟后面取指令的操作,如图 2.3 所示。该停顿周期往往被称为“流水线气泡”,简称“气泡”。

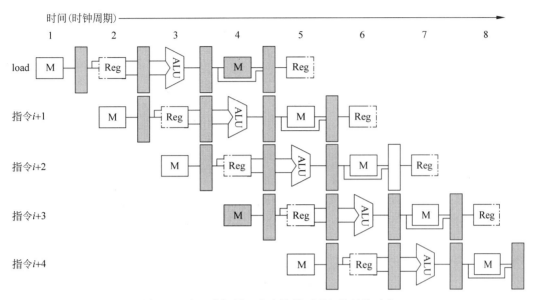

图 2.2 由于访问同一个存储器而引起的结构冲突

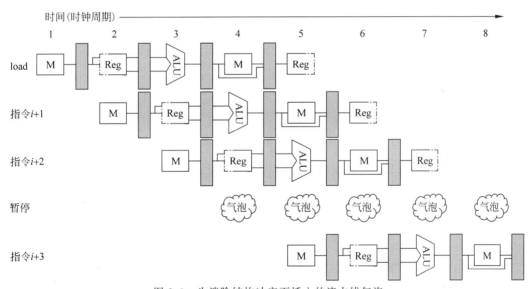

图 2.3 为消除结构冲突而插入的流水线气泡

可以看出,为消除结构冲突而引入的停顿将影响流水线的性能。由于这种冲突出现的频度不低,因此一般是采用分别设置独立的指令存储器和数据存储器方法,或者仍只设置一个存储器,但采用两个分离的 Cache,即指令 Cache 和数据 Cache。

2）数据冲突

① 数据冲突简介。

当相关的指令彼此靠得足够近时，它们在流水线中的重叠执行或者重新排序会改变指令读/写操作数的顺序，使之不同于它们串行执行时的顺序，这就是发生了数据冲突。考虑以下指令在流水线中的执行情况。

```
DADD    R1,    R2,    R3
DSUB    R4,    R1,    R5
XOR     R6,    R1,    R7
AND     R8,    R1,    R9
```

DADD 指令后的所有指令都要用到 DADD 指令的计算结果，如图 2.4 所示。DADD指令在其 WB 段(第 5 个时钟周期)才将计算结果写入寄存器 R1，但是 DSUB 指令在其ID 段(第 3 个时钟周期)就要从寄存器 R1 读取该结果，这就是一个数据冲突。若不采取措施防止这一情况发生，则 DSUB 指令读到的值就是错误的。XOR 指令也受到这种冲突的影响，它在第 4 个时钟周期从 R1 读出的值也是错误的。而 AND 指令则可以正常执行，这是因为它是在第 5 个时钟周期的后半拍才从寄存器读数据，而 DADD 指令在第 5个时钟周期的前半拍已将结果写入寄存器。

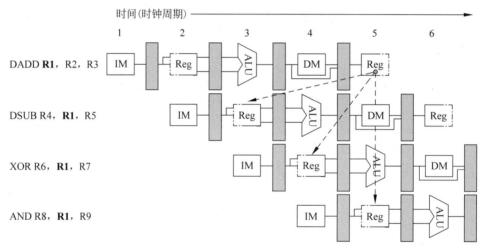

图 2.4　流水线的数据冲突举例

按照指令读访问和写访问的先后顺序，可以将数据冲突分为 3 种类型。习惯上，这些冲突是按照流水线必须保持的访问顺序来命名的。考虑两条指令 i 和 j，且 i 在 j 之前进入流水线，可能发生的数据冲突有以下几种。

◆ 写后读冲突(RAW)：指令 j 用到指令 i 的计算结果，而且在 i 将结果写入寄存器之前就去读该寄存器，因而得到的是旧值。这是最常见的一种数据冲突，它对应于真数据相关。图 2.4 中的数据冲突都是写后读冲突。

◆ 写后写冲突(WAW)：指令 j 和指令 i 的结果寄存器相同，而且 j 在 i 写入之前就先对该寄存器进行了写入操作，从而导致写入顺序错误。最后在结果寄存器中留下的是 i 写入的值,而不是 j 写入的。这种冲突对应于输出相关。写后写冲突仅发生在这样的流水线中:(a)流水线中不止一个段可以进行写操作;(b)指令被重新排序了。前面介绍的 5 段流水线由于只在 WB 段写寄存器,所以不会发生写后写冲突。

◆ 读后写冲突(WAR):指令 j 的目的寄存器和指令 i 的源操作数寄存器相同,而且 j 在 i 读取该寄存器之前就先对它进行了写操作,导致 i 读到的值是错误的。这种冲突是由反相关引起的。读后写冲突在前述 5 段流水线中不会发生,因为这种流水线中的所有读操作(在 ID 段)都在写结果操作(在 WB 段)之前发生。读后写冲突仅发生在这样的情况下:(a)有些指令的写结果操作提前了,而且有些指令的读操作滞后了;(b)指令被重新排序了。

② 使用定向技术减少数据冲突引起的停顿。

当出现图 2.4 中所示的写后读冲突时,为了保证指令序列的正确执行,一种简单的处理方法是暂停流水线中 DADD 之后的所有指令,直到 DADD 指令将计算结果写入寄存器 R1 之后,再让 DADD 之后的指令继续执行,但这种暂停会导致性能下降。

为了减少停顿时间,可以采用定向技术(也称为旁路)来解决写后读冲突。定向技术的关键思想是:在发生写后读相关的情况下,在计算结果尚未出来之前,后面等待使用该结果的指令并不见得是马上就要用该结果。如果能够将该计算结果从其产生的地方(ALU 的出口)直接送到其他指令需要它的地方(ALU 的入口),那么就可以避免停顿。对于图 2.4 的情况,可以把 DADD 指令产生的结果直接送给 DSUB 和 XOR 指令,这样就能避免停顿,如图 2.5 所示。图中从流水寄存器到功能部件入口的连线表示定向路径,箭头表示数据的流向。显然,这些指令都能顺利执行而不会导致停顿。

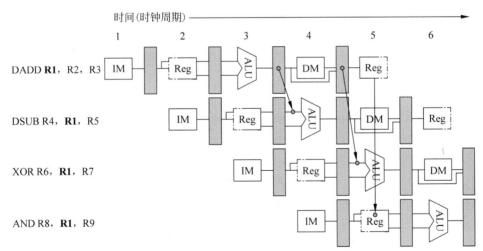

图 2.5　采用定向技术后的流水线数据通路

从图 2.4 中还可以看出,流水线中的指令所需要的定向结果可能不仅是前一条指令的计算结果,而且还有可能是前面与其不相邻的指令的计算结果。

2.5.3 流水线的实现

图 2.6 是上述经典 5 段流水线的一种实现方案(数据通路)。

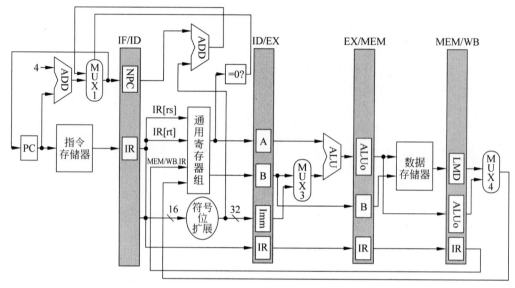

图 2.6 MIPS 流水线的数据通路

在段与段之间设置了流水寄存器,流水寄存器的名称用其相邻的两个段的名称拼合而成。例如,ID 段与 EX 段之间的流水寄存器用 ID/EX 表示,其余类似。每个流水寄存器是由若干子寄存器构成的。用 x.y 命名这些子寄存器,用 x.y[s]命名其所包含的字段。其中,x 为流水寄存器名称,y 为具体子寄存器的名称,s 为字段名称。例如,ID/EX.IR 表示流水寄存器 ID/EX 中的子寄存器 IR,ID/EX.IR[op]表示该子寄存器的 op 字段。

流水寄存器的作用包括以下内容。

① 将各段的工作隔开,使得它们不会互相干扰。流水寄存器是边沿触发写入的。

② 保存相应段的处理结果。例如,EX/MEM.ALUo 保存 EX 段 ALU 的运算结果,MEM/WB.LMD 保存 MEM 段从数据存储器读出的数据。

③ 向后传递后面将要用到的数据或者控制信息。例如,EX/MEM.B 传递 ID/EX.B 的内容,供在 MEM 段写入存储器时使用;MEM/WB.ALUo 传递 EX/MEM.ALUo 的内容,供在 WB 段写入寄存器时使用。随着指令在流水线中的流动,所有有用的数据和控制信息在每个时钟周期都会往后传递一步。当然,在传递过程中,只保存后面需要用到的数据和信息,丢弃不再需要的信息。

当一条指令从 ID 段流到 EX 段时,新的指令会进入 ID 段,冲掉 IF/ID 中的内容。所以,指令中的有用信息必须跟着指令流动到 ID/EX.IR,以此类推。后面需要用到的指令信息要依次往后传递,直到 MEM/WB.IR。MEM/WB.IR 中的目的寄存器地址回送到通用寄存器组,用于实现将结果回写到通用寄存器组。

如果把 PC 也看成 IF 段的流水寄存器,那么每个段都有一个流水寄存器,它位于该流水段的前面,提供指令在该段执行所需要的所有数据和控制信息。

该方案中设置了一些临时寄存器,其作用如下:

PC——程序计数器,存放当前指令的地址。

NPC——下一条程序计数器,存放下一条指令的地址。

IR——指令寄存器,存放当前正在处理的指令。

A——第一操作数寄存器,存放从通用寄存器组读出来的操作数。

B——第二操作数寄存器,存放从通用寄存器组读出来的另一个操作数。

Imm——存放符号扩展后的立即数操作数。

cond——存放条件判定的结果,为"真"表示分支成功。

ALUo——存放 ALU 的运算结果。

LMD——存放 load 指令从存储器读出的数据。

各段所进行的操作如下。

1. 取指令周期(IF)

```
IR←Mem[PC]
NPC←PC + 4
```

以 PC 中的值作为地址从存储器中取出一条指令,放入指令寄存器 IR;同时 PC 值加4,然后放入 NPC。这时,NPC 中的值为顺序的下一条指令的地址。

2. 指令译码/读寄存器周期(ID)

```
A←Regs[rs]
B←Regs[rt]
```
$Imm \leftarrow ((IR_{16})^{16} \# \# IR_{16..31})$

对指令进行译码,并以指令中的 rs 和 rt 字段(见实验 1 的图 1.13)作为地址访问通用寄存器组,把读出的操作数分别放入 A 和 B。同时 IR 的低 16 位进行符号位扩展,然后存入 Imm。

指令的译码操作和读寄存器操作是并行进行的。之所以可以这样,是因为在 MIPS指令格式中,操作码字段以及 rs、rt 字段都是在固定的位置,这种技术称为"固定字段译码"技术。另外,由于立即数在所有 MIPS 指令中的位置也是相同的,因此在这里统一对其进行符号扩展,以备在下一个周期使用。

这里准备的放在 A、B 和 Imm 中的数据在后面周期中也许用不上,但也没关系,并不影响程序执行的正确性。而统一这样处理,可以减少硬件的复杂度。

对于分支指令,还要进行以下操作:

判断 A == 0?,若是,则 PC,NPC←NPC + (Imm << 2);

为了实现这一点,在这一段专门设置了一个加法器,用于转移目标地址计算。

Imm 之所以需要左移两位,是因为它给出的值是以字为单位的,而 PC 和 NPC 中的值却是以字节为单位的。

3. 执行/有效地址计算周期(EX)

在这个周期,ALU 对在前一个周期准备好的操作数进行运算,不同指令所进行的操作不同。

1) load 指令和 store 指令

`ALUo←A + Imm`

ALU 将操作数相加形成有效地址,并存入临时寄存器 ALUo。

2) 寄存器—寄存器 ALU 指令

`ALUo←A funct B`

ALU 根据 funct 字段(见实验 1 的图 1.13)指出的操作类型对 A 和 B 中的数据进行运算,并将结果存入 ALUo。

3) 寄存器—立即数 ALU 指令

`ALUo←A op Imm`

ALU 根据操作码 op 指出的操作类型对 A 和 Imm 中的数据进行运算,并将结果存入 ALUo。

4. 存储器访问(MEM)

在该周期处理的指令只有 load 和 store 指令。

load 指令:LMD←Mem[ALUo]

即从存储器中读出相应的数据,放入临时寄存器 LMD;

store 指令:Mem[ALUo]←B

即将 B 中的数据写入存储器。

两种情况下均用 ALUo 中的值作为访存地址,它在上一个周期就已经计算好了。

5. 写回周期(WB)

把在前面 4 个周期中得到的结果写入通用寄存器组。

(1) 寄存器—寄存器 ALU 指令:Regs[rd]←ALUo

(2) 寄存器—立即数 ALU 指令:Regs[rt]←ALUo

(3) load 指令:Regs[rt]←LMD

这个结果可能是 ALU 的计算结果(ALUo 中的内容),也可能是从存储器读出的数据(LMD 中的内容)。写入的寄存器地址由指令中的 rd 或 rt 字段指出,具体是哪一个,由指令的操作码决定。

为了详细了解该流水线的工作情况,需要知道各种指令在每个流水段进行什么样的操作,如表 2.1 所示。在 IF 段和 ID 段,所有指令的操作都一样,从 EX 段开始才区分不同的指令。表中 IR[rs]是指 IR 的第 6 位到第 10 位,即 $IR_{6..10}$;IR[rt]是指 $IR_{11..15}$;

IR[rd]是指 $IR_{16..20}$。

表 2.1　MIPS 流水线的每个流水段的操作

流水段	所有指令		
IF	IF/ID. IR←Mem[PC]； IF/ID. NPC，PC←(if ((IF/ID[op]==branch) & (Regs[IF/ID. IR[rs]]==0)) {IF/ID. NPC+(IF/ID. IR_{16})^{16} ## (IF/ID. $IR_{16..31}$ <<2)} else {PC+4})；		
ID	ID/EX. A←Regs[IF/ID. IR[rs]]；ID/EX. B ←Regs[IF/ID. IR[rt]]； ID/EX. IR←IF/ID. IR； ID/EX. Imm←(IF/ID. IR_{16})^{16} ## IF/ID. $IR_{16..31}$；		
	ALU 指令	load/store 指令	分支指令
EX	EX/MEM. IR←ID/EX. IR； EX/MEM. ALUo← ID/EX. A *funct* ID/EX. B 或 EX/MEM. ALUo← ID/EX. A *op* ID/EX. Imm；	EX/MEM. IR←ID/EX. IR； EX/MEM. ALUo← ID/EX. A+ID/EX. Imm； EX/MEM. B←ID/EX. B；	EX/MEM. IR←ID/EX. IR； EX/MEM. ALUo← ID/EX. NPC+ID/EX. Imm<<2； EX/MEM. cond← (ID/EX. A==0)；
MEM	MEM/WB. IR←EX/MEM. IR； MEM/WB. ALUo← EX/MEM. ALUo；	MEM/WB. IR←EX/MEM. IR； MEM/WB. LMD← Mem[EX/MEM. ALUo]； 或 Mem[EX/MEM. ALUo]← EX/MEM. B；	
WB	Regs[MEM/WB. IR[rd]]← MEM/WB. ALUo； 或 Regs[MEM/WB. IR[rt]]← MEM/WB. ALUo；	Regs[MEM/WB. IR[rt]]← MEM/WB. LMD；	

实验 3　指令调度和延迟分支

3.1　实验目的

(1) 加深对指令调度技术的理解。
(2) 加深对延迟分支技术的理解。
(3) 熟练掌握用指令调度技术来解决流水线中的数据冲突的方法。
(4) 进一步理解指令调度技术对 CPU 性能的改进。
(5) 进一步理解延迟分支技术对 CPU 性能的改进。

3.2　实验平台

实验平台采用指令级和流水线操作级模拟器 MIPSsim。
设计：张晨曦教授,版权所有。

3.3　实验内容和步骤

首先要掌握 MIPSsim 模拟器的使用方法(见 1.4 节)。
(1) 启动 MIPSsim。
(2) 根据 2.5 节的相关知识中关于流水线各段操作的描述,进一步理解流水线窗口中各段的功能,掌握各流水寄存器的含义(双击各段,就可以看到各流水寄存器的内容)。
(3) 选择"配置"→"流水方式"选项,使模拟器工作于流水方式下。
(4) 用指令调度技术解决流水线中的结构冲突与数据冲突。
① 启动 MIPSsim。
② 选择 MIPSsim 的"文件"→"载入程序"选项来加载 schedule.asm(在模拟器所在文件夹下的"样例程序"文件夹中)。
③ 关闭定向功能。这是通过在"配置"菜单中关闭"定向"(使该项前面没有√号)来实现的。
④ 执行所载入的程序。通过查看统计数据和时钟周期图,找出并记录程序执行过程中各种冲突发生的次数、发生冲突的指令组合,以及程序执行的总时钟周期数。

⑤ 采用指令调度技术对程序进行指令调度,消除冲突。将调度后的程序保存到 after-schedule.asm 中。

⑥ 载入 after-schedule.asm。

⑦ 执行该程序,观察程序在流水线中的执行情况,记录程序执行的总时钟周期数。

⑧ 根据记录结果,比较调度前和调度后的性能。论述指令调度对于提高 CPU 性能的作用。

(5) 用延迟分支减少分支指令对性能的影响。

① 启动 MIPSsim。

② 载入 branch.asm。

③ 关闭延迟分支功能。这是通过选择"配置"→"延迟槽"选项来实现的。

④ 执行该程序。观察并记录发生分支延迟的时刻。

⑤ 记录执行该程序所用的总时钟周期数。

⑥ 假设延迟槽为一个,对 branch.asm 进行指令调度,然后保存到 delayed-branch. asm 中。

⑦ 载入 delayed-branch.asm。

⑧ 打开延迟分支功能。

⑨ 执行该程序,观察其时钟周期图。

⑩ 记录执行该程序所用的总时钟周期数。

⑪ 对比上述两种情况下的时钟周期图。

⑫ 根据记录结果,比较没有采用延迟分支和采用了延迟分支的性能,论述延迟分支对于提高 CPU 性能的作用。

3.4　MIPSsim 使用手册

见实验1的1.4节。

3.5　相关知识:指令调度和延迟分支

3.5.1　指令调度

为了减少停顿,对于无法用定向技术解决的数据冲突,可以通过在编译时让编译器重新组织指令顺序来消除冲突,这种技术称为"指令调度"或"流水线调度"。实际上,对于各种冲突,都有可能用指令调度来解决。

下面通过一个例子来进一步说明。考虑以下表达式:

A＝B＋C;

D＝E－F;

表 3.1 左边是这两个表达式编译后所形成的代码。在这个代码序列中,DADD Ra, Rb,Rc 与 LD Rc,C 之间存在数据冲突,DSUB Rd,Re,Rf 与 LD Rf,F 之间也是如此。为了保证流水线能正确执行调度前的指令序列,必须在指令的执行过程中插入两个停顿周期(分别在 DADD 和 DSUB 执行前)。而在调度后的指令序列中,加大了 DADD 和 DSUB 指令与 LD 指令的距离。通过采用定向,可以消除数据冲突,因而不必在执行过程中插入任何停顿周期。

表 3.1　调度前后的指令序列

调度前的代码		调度后的代码	
LD	Rb,B	LD	Rb,B
LD	Rc,C	LD	Rc,C
DADD	Ra,Rb,Rc	LD	Re,E
SD	Ra,A	DADD	Ra,Rb,Rc
LD	Re,E	LD	Rf,F
LD	Rf,F	SD	Ra,A
DSUB	Rd,Re,Rf	DSUB	Rd,Re,Rf
SD	Rd,D	SD	Rd,D

3.5.2　延迟分支

在流水线中,控制冲突可能会比数据冲突造成更多的性能损失,所以同样需要得到很好的处理。执行分支指令的结果有两种:一种是分支"成功",PC 值改变为分支转移的目标地址;另一种则是"不成功"或者"失败",这时 PC 的值保持正常递增,指向顺序的下一条指令。对分支指令"成功"的情况来说,是在条件判定和转移地址计算都完成后,才改变 PC 值。

处理分支指令最简单的方法是"冻结"或者"排空"流水线,即一旦在流水线的译码段 ID 检测到分支指令,就暂停其后的所有指令的执行,直到分支指令到达 MEM 段、确定出是否成功并计算出新的 PC 值为止。然后,按照新的 PC 值取指令。如图 3.1 所示,这种方法的优点在于其简单性,它给流水线带来了 3 个时钟周期的延迟(称为分支延迟)。

分支指令	IF	ID	EX	MEM	WB					
分支目标指令		**IF**	**stall**	**stall**	IF	ID	EX	MEM	WB	
分支目标指令+1						IF	ID	EX	MEM	WB
分支目标指令+2							IF	ID	EX	MEM

图 3.1　简单处理分支指令:分支成功的情况

为了减少分支延迟,可以采用延迟分支技术。这种技术的主要思想是从逻辑上"延长"分支指令的执行时间,把延迟分支看成由原来的分支指令和若干延迟槽构成。不管分支是否成功,都要按顺序执行延迟槽中的指令。在采用延迟分支的实际计算机中,绝大多

数的延迟槽都是一个。MIPSsim 模拟器的也是按这样处理的,即

　　分支指令
　　延迟槽
　　后继指令

　　在这种情况下,流水线的执行情况如图 3.2 所示。可以看出,只要分支延迟槽中的指令是有用的,流水线中就没有出现停顿,这时延迟分支的方法能很好地减少分支延迟。

分支 失败	分支指令 i	IF	ID	EX	MEM	WB			
	延迟槽指令 $i+1$		IF	ID	EX	MEM	WB		
	指令 $i+2$			IF	ID	EX	MEM	WB	
	指令 $i+3$				IF	ID	EX	MEM	WB

分支 成功	分支指令 i	IF	ID	EX	MEM	WB			
	延迟槽指令 $i+1$		IF	ID	EX	MEM	WB		
	分支目标指令 j			IF	ID	EX	MEM	WB	
	分支目标指令 $j+1$				IF	ID	EX	MEM	WB

图 3.2　延迟分支的执行情况

　　放入延迟槽中的指令是由编译器来选择的。实际上,延迟分支能否带来好处完全取决于编译器能否把有用的指令调度到延迟槽中,这也是一种指令调度技术。常用的调度方法有 3 种:从前调度、从目标处调度和从失败处调度。如图 3.3 所示,上面的代码是调度前的,下面的代码是调度后的。

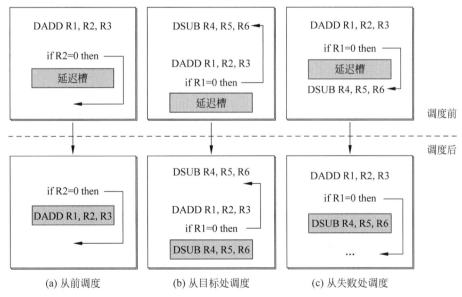

(a) 从前调度　　　　(b) 从目标处调度　　　　(c) 从失败处调度

图 3.3　调度分支指令的 3 种常用方法

　　图 3.3(a)表示的是从前调度,它是把位于分支指令之前的一条独立的指令移到延迟槽。当无法采用从前调度时,就采用另外两种方法。图 3.3(b)表示的是从目标处调度,

它是把目标处的指令复制到延迟槽。同时,还要修改分支指令的目标地址,如图 3.3(b)中的箭头所示。之所以是复制到延迟槽,而不是把该指令移过去,是因为从别的路径可能也要执行该指令,从目标处调度实际上是猜测了分支是成功的。所以当分支成功概率比较高时(例如循环转移),采用这种方法比较好;否则,采用从失败处调度比较好(见图 3.3(c))。需要注意的是,当猜测错误时,要保证图 3.3(b)和图 3.3(c)中调度到延迟槽中的指令的执行不会影响程序的正确性(当然,这时延迟槽中的指令是无用的)。在图 3.3(b)和图 3.3(c)的指令序列中,由于分支指令是使用 R1 来判断的,所以不能把产生 R1 的值的 DADD 指令调度到延迟槽。

实验 4　Cache 性能分析

4.1　实验目的

(1) 加深对 Cache 的基本概念、基本组织结构,以及基本工作原理的理解。

(2) 掌握 Cache 容量、相联度、块大小对 Cache 性能的影响。

(3) 掌握降低 Cache 不命中率的各种方法以及这些方法对提高 Cache 性能的好处。

(4) 理解 LRU 与随机法的基本思想以及它们对 Cache 性能的影响。

4.2　实验平台

实验平台采用 Cache 模拟器 MyCache。

设计:张晨曦教授,版权所有。

4.3　实验内容和步骤

首先要掌握 MyCache 模拟器的使用方法(见 4.4 节)。

4.3.1　Cache 容量对不命中率的影响

(1) 启动 MyCache。

(2) 单击"复位"按钮,把各参数设置为默认值。

(3) 选择一个地址流文件。选择"访问地址"→"地址流文件"选项,然后单击"浏览"按钮,从本模拟器所在的文件夹下的"地址流"文件夹中选取。

(4) 选择不同的 Cache 容量,包括 2KB、4KB、8KB、16KB、32KB、64KB、128KB、256KB,分别执行模拟器(单击"执行到底"按钮即可),然后在表 4.1 中记录各种情况下的不命中率。

表 4.1   不同容量下 Cache 的不命中率

Cache 容量/KB	2	4	8	16	32	64	128	256
不命中率								

地址流文件名：＿＿＿＿＿＿＿＿＿

(5) 以容量为横坐标,画出不命中率随 Cache 容量变化而变化的曲线,并指明地址流文件名。

(6) 根据该模拟结果,你能得出什么结论?

4.3.2   相联度对不命中率的影响

(1) 单击"复位"按钮,把各参数设置为默认值。此时的 Cache 容量为 64KB。

(2) 选择一个地址流文件。选择"访问地址"→"地址流文件"选项,然后单击"浏览"按钮,从本模拟器所在的文件夹下的"地址流"文件夹中选取。

(3) 选择不同的 Cache 相联度,包括直接映像、2 路、4 路、8 路、16 路、32 路,分别执行模拟器(单击"执行到底"按钮即可),然后在表 4.2 中记录各种情况下的不命中率。

表 4.2   当容量为 64KB 时,不同相联度下 Cache 的不命中率

相联度	1	2	4	8	16	32
不命中率						

地址流文件名：＿＿＿＿＿＿＿＿＿

(4) 把 Cache 的容量设置为 256KB,重复(3)的工作,并填写表 4.3。

表 4.3   当容量为 256KB 时,不同相联度下 Cache 的不命中率

相联度	1	2	4	8	16	32
不命中率						

地址流文件名：＿＿＿＿＿＿＿＿＿

(5) 以相联度为横坐标,画出在 64KB 和 256KB 的情况下不命中率随 Cache 相联度变化而变化的曲线,并指明地址流文件名。

(6) 根据该模拟结果,你能得出什么结论?

4.3.3   Cache 块大小对不命中率的影响

(1) 单击"复位"按钮,把各参数设置为默认值。

(2) 选择一个地址流文件。选择"访问地址"→"地址流文件"选项,然后单击"浏览"按钮,从本模拟器所在的文件夹下的"地址流"文件夹中选取。

（3）选择不同的 Cache 块大小，包括 16B、32B、64B、128B、256B，对于 Cache 的各种容量，包括 2KB、8KB、32KB、128KB、512KB，分别执行模拟器（单击"执行到底"按钮即可），然后在表 4.4 中记录各种情况下的不命中率。

表 4.4　各种块大小情况下 Cache 的不命中率

块大小/B	Cache 容量/KB				
	2	8	32	128	512
16					
32					
64					
128					
256					

地址流文件名：＿＿＿＿＿＿＿＿＿

（4）分析 Cache 块大小对不命中率的影响。

4.3.4　替换算法对不命中率的影响

（1）单击"复位"按钮，把各参数设置为默认值。

（2）选择一个地址流文件。选择"访问地址"→"地址流文件"选项，然后单击"浏览"按钮，从本模拟器所在的文件夹下的"地址流"文件夹中选取。

（3）对于不同的替换算法、Cache 容量和相联度，分别执行模拟器（单击"执行到底"按钮即可），然后在表 4.5 中记录各种情况下的不命中率。

表 4.5　LRU 和随机替换法的不命中率的比较

Cache 容量	相联度					
	2 路		4 路		8 路	
	LRU	随机算法	LRU	随机算法	LRU	随机算法
16KB						
64KB						
256KB						
1MB						

地址流文件名：＿＿＿＿＿＿＿＿＿

（4）分析不同的替换算法对 Cache 不命中率的影响。

4.4　MyCache 模拟器使用方法

（1）启动模拟器。双击 MyCache.exe 即可。

（2）系统会打开一个操作界面，该界面的左边为设置模拟参数区域，右边为模拟结果显示区域，如图 4.1 所示。

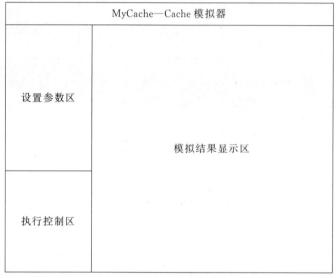

图 4.1　MyCache 模拟器的操作界面示意图

（3）可以设置的参数包括是统一 Cache 还是分离 Cache、Cache 的容量、块大小、相联度、替换算法、预取策略、写策略、写不命中时的调块策略。可以直接从列表里选择。

（4）访问地址可以选择来自地址流文件，也可以选择手动输入。如果是前者，则可以通过单击"浏览"按钮，从模拟器所在文件夹下面的"地址流"文件夹中选取地址流文件（.din 文件），然后进行执行。执行的方式可以是步进，也可以是一次执行到底。如果选择手动输入，就可以在"执行控制"区域中输入块地址，然后单击"访问"按钮。系统会在界面的右边显示访问类型、地址、块号以及块内地址。

（5）模拟结果包括：

① 访问总次数，总的不命中次数，总的不命中率；

② 读指令操作的次数，其不命中次数及其不命中率；

③ 读数据操作的次数，其不命中次数及其不命中率；

④ 写数据操作的次数，其不命中次数及其不命中率；

⑤ 手动输入单次访问的相关信息。

4.5　相关知识：Cache 的基本原理

4.5.1　Cache 的映像规则

当要把一个块从主存调入 Cache 时,可以放置到哪些位置? 这就是映像规则所要解决的。映像规则有以下 3 种。

1. 全相联映像

全相联是指主存中的任一块可以被放置到 Cache 中的任意一个位置,如图 4.2(a)所示。图中给出了主存的第 9 块可以放入的位置(带阴影部分)。

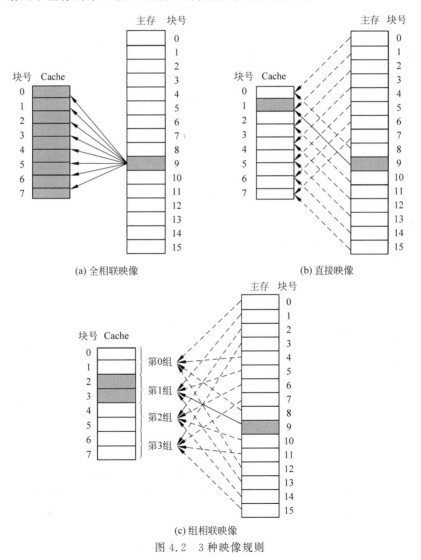

(a) 全相联映像　　　　　　　　　　(b) 直接映像

(c) 组相联映像

图 4.2　3 种映像规则

为简单起见,图中只画出了 Cache 大小为 8 块、主存大小为 16 块的情况。

2. 直接映像

直接映像是指主存中的每一个块只能被放置到 Cache 中唯一的一个位置,如图 4.2 (b) 所示。图中带箭头的连线表示映像关系,从主存块到 Cache 块的对应关系是依次循环分配的。

图中带箭头的实线连线表示主存的第 9 块只能放入 Cache 的第 1 块。一般地,如果主存的第 i 块(即块地址为 i)映像到的 Cache 块的第 j 块,则:

$$j = i \bmod M$$

其中 M 为 Cache 的块数。

设 $M = 2^m$,则当表示为二进制数时,j 实际上就是 i 的低 m 位,如图 4.3 所示。

图 4.3　$M = 2^m$ 时主存块地址

因此,可以直接用主存块地址的低 m 位去选择直接映像 Cache 中的块。

3. 组相联映像

在组相联映像中,Cache 被等分为若干组,每组由若干块构成。主存中的每一块可以被放置到 Cache 中唯一的一个组中的任何一个位置。它是直接映像和全相联映像的一种折中:一个主存块首先是直接映像到唯一的一个组上(直接映像的特征),然后这个块可以被放入这个组中的任何一个位置(全相联映像的特征)。组的选择常采用位选择算法,即对于主存的第 i 块,若它所映像到 Cache 组的组号为 k,则有:

$$k = i \bmod G$$

其中 G 为 Cache 的组数。

设 $G = 2^g$,则当表示为二进制数时,k 实际上就是 i 的低 g 位,如图 4.4 所示。

图 4.4　$G = 2^g$ 时主存块地址

因此,可以直接用主存块地址的低 g 位去选择 Cache 中的相应组。这里的低 g 位以及上述直接映像中的低 m 位通常称为索引。

如果每组中有 n 个块($n = M/G$),则称该映像规则为 n 路组相联。图 4.2(c)为两路组相联映像的示意图,这里的每个组由两块组成,主存第 9 块可以被放入 Cache 第一组的两个块中的任何一个。

相联度越高(即 n 的值越大),Cache 空间的利用率就越高,块冲突概率就越低,因而

Cache 的不命中率就越低。块冲突是指当要把一个主存块调入 Cache 时,按映像规则所对应的 Cache 块位置都已经被占用。显然,全相联映像的不命中率最低,直接映像的不命中率最高。虽然从降低不命中率的角度来看,n 的值越大越好,但在后面我们将看到,增大 n 值并不一定能使整个计算机系统的性能提高,而且还会使 Cache 的实现复杂度和成本增加。因此,绝大多数计算机都采用直接映像、两路组相联映像或 4 路组相联映像。特别是直接映像,应用得最多。

4.5.2　查找方法

Cache 中设有一个目录表,每个 Cache 块在该表中都有唯一的一项,用于指出当前该块中存放的信息是哪个主存块的。它实际上是记录了该主存块的块地址的高位部分,称为标识。每个主存块能唯一地由其标识来确定,标识在主存块地址中的位置如图 4.5 所示。

图 4.5　主存地址的分割

由于目录表中存放的是标识,所以存放目录表的存储器又称为标识存储器。目录表中给每一项设置一个有效位,该位为 1 表示 Cache 中相应块所包含的信息有效。

根据映像规则不同,一个主存块可能映像到 Cache 中的一个或多个 Cache 块位置。为便于讨论,把它们称为候选位置。在采用直接映像或组相联映像的情况下,为了提高访问速度,一般是把“主存→Cache”地址变换和访问 Cache 存储体安排成同时进行。这时,由于还不知道哪个候选位置上有所要访问的数据,所以就把所有候选位置中的相应信息都读出来,在“主存→Cache”地址变换完成后,再根据其结果从这些信息中选一个(如果命中的话),发送给 CPU。

直接映像 Cache 的候选位置最少,只有一个;全相联 Cache 的候选位置最多,为 M 个;而 n 路组相联则介于两者之间,为 n 个。实现并行查找的方法有两种:①用相联存储器实现;②用单体多字的按地址访问的存储器和比较器来实现。

4.5.3　替换算法

直接映像 Cache 中的替换很简单,因为只有一个块,别无选择。而在组相联和全相联 Cache 中,则有多个块供选择,我们当然希望应尽可能避免替换掉马上就要用到的信息。主要的替换算法有以下 3 种。

1. 随机法

这种方法随机地选择被替换的块。其优点是简单、易于用硬件实现,但这种方法没有考虑 Cache 块过去被使用的情况,反映不了程序的局部性,所以命中率比较低。

2. 先进先出法 FIFO

这种方法选择最早调入的块作为被替换的块。其优点也是容易实现。它虽然利用了同一组中各块进入 Cache 的先后顺序这一"历史"信息,但还是不能正确地反映程序的局部性。因为最先进入的块,也可能是经常要用到的块。

3. 最近最少使用法 LRU

这种方法本来是选择近期使用次数最少的块作为被替换的块。但由于其实现比较复杂,现在实际上实现的 LRU 都只是选择最久没有被访问过的块(也称为 LFU 算法)。

LRU 能较好地反映程序的局部性原理,因而其命中率在上述 3 种方法中是最高的。但是 LRU 比较复杂,硬件实现成本比较高,特别是当组的大小增加时,LRU 的实现代价会越来越高。

LRU 和随机法分别因其不命中率低和实现简单而被广泛采用。不过,有模拟数据表明,对于容量很大的 Cache,LRU 和随机法的命中率差别不大。

4.5.4　写策略

按照存储层次的要求,Cache 内容应是主存部分内容的一个副本。但是"写"访问却可能导致它们内容的不一致。这就产生了 Cache 与主存内容的一致性问题。显然,为了保证正确性,主存的内容也必须更新。至于何时更新,这正是写策略所要解决的问题。

写策略是区分不同 Cache 设计方案的一个重要标志。写策略主要有以下两种。

(1) 写直达法。也称为存直达法。它是指在执行"写"操作时,不仅把数据写入 Cache 中相应的块,而且也写入下一级存储器,这样下一级存储器中的数据都是最新的。

(2) 写回法。也称为拷回法。这种写策略只把数据写入 Cache 中相应的块,不写入下一级存储器。这样有些数据的最新版本是在 Cache 中,这些最新数据只有在相应的块被替换时,才被写回下一级存储器。

4.5.5　改进 Cache 性能

根据平均访存时间公式:
$$平均访存时间 = 命中时间 + 不命中率 \times 不命中开销$$
可以从以下 3 个方面改进 Cache 的性能:

(1) 降低不命中率;

(2) 减少不命中开销;

(3) 减少命中时间。

4.5.6   三种类型的不命中

按照产生不命中的原因不同,可以把不命中分为以下 3 类(简称为 3C):

(1) 强制性不命中:当第一次访问一个块时,该块不在 Cache 中,需从下一级存储器中调入 Cache,这就是强制性不命中。这种不命中也称为冷启动不命中或首次访问不命中。

(2) 容量不命中:如果程序执行时所需的块不能全部调入 Cache 中,则当某些块被替换后,若又重新被访问,就会发生不命中。这种不命中称为容量不命中。

(3) 冲突不命中:在组相联映像或直接映像 Cache 中,若太多的块映像到同一组(块)中,则会出现该组中某个块被别的块替换,然后又被重新访问的情况。这就是发生了冲突不命中,这种不命中也称为碰撞不命中或干扰不命中。

模拟结果表明:

(1) 相联度越高,冲突失效就越少;

(2) 强制性失效和容量失效不受相联度的影响;

(3) 强制性失效不受 Cache 容量的影响,但容量失效却随着容量的增加而减少。

在 3C 中,冲突不命中似乎是最容易减少的,只要采用全相联映像,就不会发生冲突不命中。但是,用硬件实现全相联映像是很昂贵的,而且有可能会降低处理器的时钟频率,从而导致整体性能的下降。至于容量不命中,除了增大 Cache 以外,没有别的办法。

另一个减少 3C 的方法是增加块的大小,以减少强制性不命中。

4.5.7   降低不命中率的方法

降低 Cache 不命中率的方法:增加 Cache 块大小、增加 Cache 容量、提高相联度、采用 Victim Cache、采用伪相联 Cache、采用硬件预取技术、采用由编译器控制的预取和编译器优化。

1. 增加 Cache 块大小

降低不命中率最简单的方法是增加块大小。图 4.6 给出了在不同 Cache 容量的情况下,不命中率和块大小的关系。表 4.6 列出了图 4.6 的具体数据。

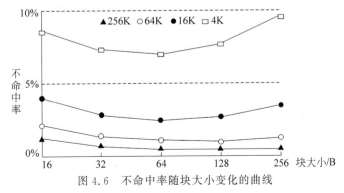

图 4.6   不命中率随块大小变化的曲线

表 4.6 各种块大小情况下 Cache 的不命中率

块大小/B	Cache 容量/%			
	4KB	16KB	64KB	256KB
16	8.57	3.94	2.04	1.09
32	7.24	2.87	1.35	0.70
64	**7.00**	**2.64**	1.06	0.51
128	7.78	2.77	**1.02**	**0.49**
256	9.51	3.29	1.15	0.49

从图 4.6 和表 4.6 可以看出,对于给定的 Cache 容量,当块大小从 16B 开始增加时,不命中率开始是下降,但后来反而上升了。这是为什么呢?原来增加块大小会产生双重作用:

(1) 增强了空间局部性,减少了强制性不命中;

(2) 减少了 Cache 中块的数目,所以有可能会增加冲突不命中。

在块大小比较小的情况下,上述的第一种作用超过第二种作用,从而使不命中率下降。但等到块大小较大时,第二种作用超过了第一种作用,就反而使不命中率上升了。

Cache 容量越大,使不命中率达到最低的块大小就越大。例如在本例中,对于大小分别 16KB、64KB 和 256KB 的 Cache,使不命中率达到最低的块大小分别为 64B、128B、128B(或 256B)。

此外,增加块大小同时也会增加不命中开销,如果这个负面效应超过了不命中率下降所带来的好处,就会使平均访存时间增加。这时,即使降低不命中率也是得不偿失。所以选择块大小时,要综合考虑各方面的因素。

2. 增加 Cache 的容量

降低 Cache 不命中率最直接的方法是增加 Cache 的容量。不过,这种方法不但会增加成本,而且还可能增加命中时间,这种方法在片外 Cache 中用得比较多。

3. 提高相联度

根据对 Cache 的模拟结果,得出两条经验规则:①从实际应用的角度来看,在降低不命中率方面,8 路组相联的作用已经和全相联一样有效。也就是说,采用相联度超过 8 的方案的实际意义不大;② 2∶1 Cache 经验规则:容量为 N 的直接映像 Cache 的不命中率和容量为 $N/2$ 的两路组相联 Cache 的不命中率差不多相同。

一般来说,改进平均访存时间的某一方面是以损失另一方面为代价的。例如,增加块大小会增加不命中开销,而提高相联度则是以增加命中时间(hit-time)为代价。为了实现很高的处理器时钟频率,需要设计结构简单的 Cache,但时钟频率越高,不命中开销就越大(所需的时钟周期数越多)。为减少不命中开销,应提高相联度。

4. 伪相联 Cache

伪相联 Cache 又称为列相联 Cache。它既能获得多路组相联 Cache 的低不命中率,又能保持直接映像 Cache 的命中速度。

当对伪相联 Cache 进行访问时,首先是按与直接映像相同的方式进行访问。如果命中,则从相应的块中取出所访问的数据,送给 CPU,访问结束。这与直接映像 Cache 中的情况完全相同;但如果是不命中,就与直接映像 Cache 不同了,伪相联 Cache 会检查 Cache 另一个位置(块),看是否匹配。确定这个"另一块"的一种简单的方法是将索引字段的最高位取反,然后按照新索引去寻找"伪相联组"中的对应块,如图 4.7 所示。如果这一块的标识匹配,则称发生了"伪命中"。否则,就只好访问下一级存储器。

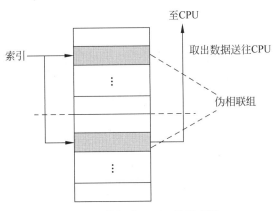

图 4.7　伪相联 Cache 的示意图

伪相联 Cache 具有一快一慢两种命中时间,它们分别对应于正常命中和伪命中的情况。图 4.8 中绘出了它们的相对关系。伪相联技术在性能上存在一种潜在的不足:如果直接映像 Cache 里的许多快速命中在伪相联 Cache 中变成慢速命中,那么这种优化措施反而会降低整体性能。所以,要能够指出在同一组的两个块中访问哪个块才更可能是快速命中。一种简单的解决方法是:当出现伪命中时,交换两个块的内容,把最近刚访问过的块放到第一位置(即按直接映象所对应的块)上。这是因为根据局部性原理,刚访问过的块很可能就是下一次要访问的块。

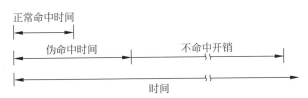

图 4.8　正常命中时间、伪命中时间和不命中开销之间的关系

尽管从理论上来说,伪相联是一种很有吸引力的方法,但它的多种命中时间会使 CPU 流水线的设计复杂化。因此伪相联技术往往是应用在离处理器比较远的 Cache 上,例如第二级 Cache。

5. 硬件预取

指令和数据都可以在处理器提出访问请求之前进行预取。预取内容可以直接放入

Cache,也可以放在一个访问速度比主存快的外部缓冲器中。

指令预取通常由 Cache 之外的硬件完成。例如,Alpha AXP 21064 微处理器在发生指令不命中时取两个块:被请求指令块和顺序的下一指令块。被请求指令块返回时放入Cache,而预取的指令块则放在缓冲器中;如果某次 Cache 访问不命中,而相应的指令块正好在缓冲器里,则取消对存储器的访问,直接从缓冲器中读取这一块,同时发出对下一指令块的预取访存请求。21064 的指令缓冲器中只含一个 32B 的块。

Jouppi 的研究结果表明:对于块大小为 16B,容量为 4KB 的直接映像指令 Cache 来说,大小为一个块的指令缓冲器就可以捕获 15%~25%的不命中,大小为 4 个块的指令缓冲器可以捕获大约 50%的不命中,而 16 个块的缓冲器则可以捕获 72%的不命中。

我们可以用相似的技术预取数据。Jouppi 统计,一个数据流缓冲器大约可以捕获4KB 直接映像 Cache 的 25%的不命中。对于数据 Cache,可以采用多个数据流缓冲器,分别从不同的地址预取数据。Jouppi 发现,用 4 个数据流缓冲器可以将命中率提高到 43%。

Palacharla 和 Kessler 于 1994 年针对一组科学计算程序,研究了既能预取指令又能预取数据的流缓冲器。他们发现,对于一个具有两个 64KB 四路组相联 Cache(一个用于指令,一个用于数据)的处理器来说,8 个数据缓冲器能够捕获其 50%~70%的不命中。

预取建立在利用存储器的空闲带宽(若不采用预取,这些带宽将浪费掉)的基础上。但是,如果它影响了对正常不命中的处理,就可能会降低性能。利用编译器的支持,可以减少不必要的预取。

6. 编译器控制的预取

这是另一种预取方法。它不是用硬件进行预取,而是由编译器在程序中加入预取指令来实现预取,这些指令在数据被用到之前就将它们取到寄存器或 Cache 中。

按照预取数据所放的位置,可把预取分为以下两种。

(1) 寄存器预取:把数据取到寄存器中。

(2) Cache 预取:只将数据取到 Cache 中。

按照预取的处理方式不同,可把预取分为以下两种。

(1) 故障性预取:在预取时,若出现虚地址故障或违反保护权限,就会发生异常。

(2) 非故障性预取:当出现虚地址故障或违反保护权限时,不发生异常,而是放弃预取,转变为空操作。

最有效的预取对程序是"语义上不可见的":它既不会改变指令和数据之间的各种逻辑关系或存储单元的内容,也不会造成虚拟存储器故障。本节假定 Cache 预取都是非故障性的,也叫作非绑定预取。

只有在预取数据的同时处理器还能继续执行的情况下,预取才有意义。这就要求Cache 在等待预取数据返回的同时,还能继续提供指令和数据。这种灵活的 Cache 称为非阻塞 Cache 或非锁定 Cache。

编译器控制预取的目的也是要使执行指令和读取数据能重叠执行。循环是预取优化的主要对象。如果不命中开销较小,编译器只要简单地将循环体展开一次或两次,并调度好预取和执行的重叠。如果不命中开销较大,编译器就将循环体展开许多次,以便为后面较远的循环预取数据。

每次预取需要花费一条指令的开销,因此,要注意保证这种开销不超过预取所带来的收益。编译器可以通过把重点放在那些可能会导致不命中的访问上,使程序避免不必要的预取,从而较大程度地减少平均访存时间。

7. 编译优化

这种方法是通过对软件进行优化来降低不命中率,与其他降低 Cache 不命中率的方法相比,这种方法的特色是无须对硬件做任何改动。

处理器和主存之间的性能差距越来越大,这促使编译器的设计者们去仔细研究存储层次的行为,以期能通过编译时的优化来改进性能。这种研究分为减少指令不命中和减少数据不命中两个方面,下面的优化技术在很多编译器中均有使用。

1) 程序代码和数据重组

我们能很容易地重新组织程序而不影响程序的正确性,例如,把一个程序中的过程重新排序,就可能会减少冲突不命中,从而降低指令不命中率,McFarling 研究了如何使用配置文件来进行这种优化。还有一种优化,是为了提高 Cache 块的效率,它把基本块对齐,使得程序的入口点与 Cache 块的起始位置对齐,就可以减少顺序代码执行时所发生的 Cache 不命中的可能性。

另外,如果编译器知道一个分支指令很可能会成功转移,那么它就可以通过以下两步来改善空间局部性:

(1) 将转移目标处的基本块和紧跟着该分支指令后的基本块进行对调。

(2) 把该分支指令换为操作语义相反的分支指令。

与代码相比,数据对存储位置的限制更少,因此更便于调整顺序。对数据进行变换的目的是改善其空间局部性和时间局部性。例如,对数组的运算可以变换为对存放在同一 Cache 块中的所有数据的操作,而不是按照程序员原来随意编写的顺序访问数组元素。

编译优化技术包括数组合并、内外循环交换、循环融合、分块等。数组合并是将本来相互独立的多个数组合并成为一个复合数组,以提高访问它们的局部性。循环融合是将若干独立的循环融合为单个的循环,这些循环访问同样的数组,对相同的数据作不同的运算,这样能使得读入 Cache 的数据在被替换出去之前,能得到反复的使用。

下面展开论述内外循环交换和分块技术。

2) 内外循环交换

有些程序中含有嵌套循环,程序不是按照数据在存储器中存储的顺序进行访问。在这种情况下,只要简单地交换循环的嵌套关系,就能使程序按数据在存储器中存储的顺序进行访问。这种技术是通过提高空间局部性来减少不命中次数。

考虑以下代码:

```
for(j = 0;  j < 100;  j = j + 1)
    for(i = 0;  i < 5000;  i = i + 1)
        x [ i ][ j ] = 2 * x [ i ][ j ];
```

该程序以 100 个字的跨距访问存储器,局部性不好。

把该程序的内外循环进行交换,可得如下的代码:

```
for (i = 0;  i < 5000;  i = i + 1)
    for(j = 0;  j < 100;  j = j + 1)
        x [ i ] [ j ] = 2 * x [ i ] [ j ];
```

修改后的程序顺序依次地访问同一个 Cache 块中的各元素,然后再访问下一块中的各元素。

3) 分块

这种优化可能是 Cache 优化技术中最著名的一种,它是通过提高时间局部性来减少不命中次数。我们还是以对多个数组的访问为例,有些数组是按行访问,而有些则是按列访问。无论数组是按行优先还是按列优先存储,都不能解决问题,因为在每一次循环中既有按行访问也有按列访问。这种正交的访问意味着前面的变换方法,如内外循环交换,对此无能为力。

分块算法不是对数组的整行或整列进行访问,而是对子矩阵或块进行操作,其目的仍然是使一个 Cache 块在被替换之前最大限度地利用它,下面这个矩阵乘法程序会帮助我们理解为什么要采用这种优化技术。

```
for (i = 0;  i < N;  i = i + 1)
for(j = 0;  j < N;  j = j + 1) {
    r = 0;
    for(k = 0;  k < N;  k = k + 1)
        r = r + y[ i ][ k ] * z[ k ][ j ];
    x[ i ][ j ] = r;
}
```

两个内部循环读取了数组 z 的全部 $N \times N$ 个元素,并反复读取数组 y 的某一行中的 N 个元素,所产生的 N 个结果被写入数组 x 的某一行。图 4.9 给出了当 $i=1$,对 3 个数组的访问情况。其中,黑色表示最近被访问过,灰色表示早些时候被访问过,白色表示尚未被访问。

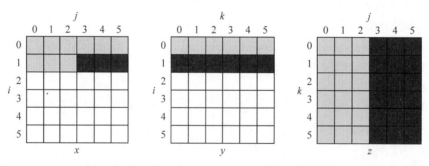

图 4.9   当 $i=1$ 时,对 x、y、z 三个数组的访问情况

显然,容量不命中次数的多少取决于 N 和 Cache 的容量。如果 Cache 只能放下一个 $N \times N$ 的数组和一行 N 个元素,那么至少数组 y 的第 i 行和数组 z 的全部元素能同时放

在 Cache 里。如果 Cache 容量还要小的话,对 x 或 z 的访问都可能导致不命中。在最坏的情况下,N^3 次操作会导致 $2N^3 + N^2$ 次不命中。

为了保证正在访问的元素能在 Cache 中命中,把原程序改为只对大小为 $B \times B$ 的子数组进行计算,而不是像原来那样,从 x 和 z 的第一个元素开始一直处理到最后一个。

图 4.10 说明了分块后对 3 个数组的访问情况。与图 4.9 相比,所访问的元素个数减少了。只考虑容量不命中,访问存储器的总字数为 $2N^3/B + N^2$ 次,大约降低到原来的 $1/B$。分块技术同时利用了空间局部性和时间局部性,因为访问 y 时利用了空间局部性,而访问 z 时利用了时间局部性。

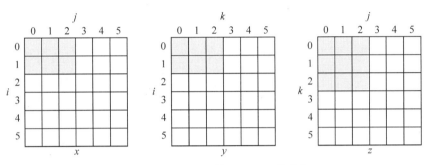

图 4.10　分块后对数组 x, y, z 的访问

虽然我们的目标一直是减少 Cache 不命中,分块技术还有助于进行寄存器分配。通过减小块大小,使得寄存器能容纳下整个 Cache 块,我们可以把程序中的 load 和 store 操作的次数减少到最少。

上述两点重点讨论了针对 Cache 优化了的编译器和程序可能带来的好处。随着时间的推移,处理器速度和存储器速度之间的差距越来越大,这种好处的重要性只会是越来越大。

8. "牺牲"Cache

这种方法是在 Cache 和其下一级存储器的数据通路上增设一个全相联的 Cache,称为"牺牲"Cache。"牺牲"Cache 中存放因冲突而被替换出去的那些块(即"牺牲者")。每当发生不命中时,在访问下一级存储器之前,先检查"牺牲"Cache 中是否含有所需的块。如果有,就将该块与 Cache 中某个块(按替换规则选择)做交换,把所需的块从"牺牲"Cache 调入 Cache。Jouppi 于 1990 年发现,含 1~5 项的"牺牲"Cache 对减少冲突不命中很有效,尤其是对于那些小型的直接映像数据 Cache 更是如此。对于不同的程序,一个项数为 4 的"牺牲"Cache 能使一个 4KB 直接映像数据 Cache 的冲突不命中减少 20%~90%。

从 Cache 的层次来看,"牺牲"Cache 可以看成位于 Cache 和存储器之间的又一级Cache,它容量小,采用命中率较高的全相联映像,而且仅仅在替换时发生作用。

这里是把"牺牲"Cache 归类为减少不命中率的方法。这是因为把"牺牲"Cache 看成是 Cache 向下的扩展,即把在"牺牲"Cache 中找到所需的数据也算是命中。实际上,如果把"牺牲"Cache 归到下一级存储器,即"站在"Cache 和"牺牲"Cache 之间来看问题,把"牺牲"Cache 归类为减少不命中开销的方法也是可以的,前面介绍的伪相联和预取技术等也都是如此。

4.5.8　分离 Cache 和混合 Cache

　　我们可以把指令和数据共同存放到一个混合的 Cache(或称统一 Cache)中,由它来同时提供数据和指令。但该 Cache 有可能会成为瓶颈,例如,当按流水方式工作的处理器执行 load 或 store 指令时,可能会同时请求一个数据字和一个指令字。所以对于 load 或 store 操作,混合的 Cache 会出现结构冲突,导致 CPU 等待。解决这个问题的一个简单的方法就是将统一的 Cache 分为两个 Cache,一个专门存放指令,另一个专门存放数据。大多数最近生产的处理器都采用了分离的 Cache。

　　分离的指令 Cache 和数据 Cache 消除了因 Cache 中的指令块和数据块互相冲突而引起的失效,但是这样一来也限定了分配给指令和数据的空间。若要公平地对分离 Cache 和混合 Cache 进行比较,就要求两种 Cache 的总容量相同。例如,分离的 1KB 指令 Cache 和 1KB 数据 Cache 就应该和容量为 2KB 的混合 Cache 相比较。

实验 5　Tomasulo 算法

5.1　实验目的

（1）加深对指令级并行性及其开发的理解。

（2）加深对 Tomasulo 算法的理解。

（3）掌握 Tomasulo 算法在指令流出、执行、写结果各阶段对浮点操作指令以及 load 和 store 指令进行什么处理。

（4）掌握采用 Tomasulo 算法的浮点处理部件的结构。

（5）掌握保留站的结构。

（6）给定被执行代码片段，对于具体某个时钟周期，能够写出保留站、指令状态表以及浮点寄存器状态表内容的变化情况。

5.2　实验平台

实验平台采用 Tomasulo 算法模拟器。

设计：张晨曦教授，版权所有。

5.3　实验内容和步骤

首先要掌握 Tomasulo 模拟器的使用方法（见 5.4 节）。

（1）假设浮点功能部件的延迟时间为加减法 2 个时钟周期，乘法 10 个时钟周期，除法 40 个时钟周期，Load 部件 2 个时钟周期。

① 对于下面的代码段，给出当指令 MUL.D 即将确认时，保留站、load 缓冲器以及寄存器状态表中的内容。

```
L.D      F6,24(R2)
L.D      F2,12 (R3)
MUL.D    F0,F2,F4
SUB.D    F8,F6,F2
DIV.D    F10,F0,F6
ADD.D    F6,F8,F2
```

② 按步进方式执行上述代码,利用模拟器的"小三角按钮"的对比显示功能,观察每一个时钟周期前后各信息表中内容的变化情况。

(2) 对于与上面相同的延迟时间和代码段:

① 给出在第 3 个时钟周期时保留站的内容。

② 步进 5 个时钟周期,给出这时保留站、load 缓冲器以及寄存器状态表中的内容。

③ 再步进 10 个时钟周期,给出这时保留站、load 缓冲器以及寄存器状态表中的内容。

(3) 假设浮点功能部件的延迟时间为加减法 3 个时钟周期,乘法 8 个时钟周期,除法 40 个时钟周期。编写一段程序(要在实验报告中给出),重复上述步骤(2)。

5.4 Tomasulo 算法模拟器使用方法

1. 设置指令和参数

本模拟器最多可以模拟 10 条指令。可以单击"编辑"按钮,在"编辑"页面设置指令执行周期,或选择和设置所要的指令。"编辑"页面的"设置指令"区如图 5.1 所示。

图 5.1 "编辑"页面的"设置指令"区

可以从图 5.1 的下拉框中选择指令,供选择的指令有以下 5 种。

(1) L.D: 从主存读取一个双精度浮点数指令。

(2) ADD.D: 双精度浮点加法指令。

(3) SUB.D: 双精度浮点减法指令。

(4) MUL.D: 双精度浮点乘法指令。

(5) DIV.D: 双精度浮点除法指令。

指令的各参数也可以从各自的下拉框中选择。

还可以在窗口的上方区域设置各部件的执行周期(时钟周期数),如图 5.2 所示。

其中,"复位"按钮 ⊙ 的作用是将所有设置恢复为默认值。

设置执行周期			
Load	2	Add/Sub	2
Mult	10	Div	40

图 5.2 “编辑”页面设置执行周期

2. 运行

单击“运行”按钮，就进入运行状态。单击模拟器界面右上角的指令控制面板 +1CP -1CP +5CP -5CP 执行到底 跳转至 ▶ 上的按钮，可以控制指令的执行，包括前进 1 步(+1CP)、后退 1 步(−1CP)、前进 5 个周期(+5CP)、后退 5 个周期(−5CP)、执行到底、退出等。此外，还可以用 ▶ 按钮直接跳转到指定的时钟周期。如果想修改被运行的代码，单击“退出”按钮，即可回到设置指令和参数页面。

3. 状态对比

每个表的右上角外侧有一个向上的小箭头 ↑，单击它，会弹出该表在上一个时钟周期的内容。这是为了让使用者通过对比了解哪些内容发生了变化。在弹出表以外的区域再次单击，可以将其收回。

4. 各个表的内容

1) 指令列表

指令列表如图 5.3 所示，它列出了各指令什么时候执行到了哪一步，其中的数字表示时钟周期，“-”表示时钟周期期间。例如，图 5.3 中的 2-3 表示在第 2 个到第 3 个时钟周期(含第 3 个)，第一条 L.D 指令已经执行完成。

指令列表 ↑

序号	指令		状态	流出周期	执行周期	写结果周期
1	L.D	F6,34(R2)	完成	CP 1	CP 2 - 3	CP 4
2	L.D	F2,45(R3)	完成	CP 2	CP 3 - 4	CP 5
3	MUL.D	F0,F2,F4	• 执行	CP 3	• 剩余 9 CP	-
4	SUB.D	F8,F2,F6	• 执行	CP 4	• 剩余 1 CP	-
5	DIV.D	F10,F0,F6	流出	CP 5	-	-
6	ADD.D	F6,F8,F2	• 流出	• CP 6	-	-

图 5.3 指令列表

2) 保留站

保留站的内容如图 5.4 所示。

其中各字段的名称和含义如下。

图 5.4　保留站

名称	Busy	Op	Vj	Vk	Qj	Qk	A
Load1	No	-	-	-	-	-	-
Load2	No	-	-	-	-	-	-
Add1	Yes	SUB. D	D2	D1	0	0	-
Add2	• Yes	• ADD. D	-	• D2	• Add1	• 0	-
Add3	No	-	-	-	-	-	-
Mult1	Yes	MUL. D	D2	R[F4]	0	0	-
Mult2	Yes	DIV. D	-	D1	Mult1	0	-

名称：保留站的名称,用于唯一标识相应的保留站。

Busy：为"Yes"表示该保留站 "忙"。

Op：要对源操作数进行的操作。

Vj、Vk：源操作数的值。对于每个操作数,V 和 Q 字段只有一个有效。

Qj、Qk：将产生源操作数的保留名称。等于 0 表示操作数已经就绪且在 Vj 或 Vk 中,或者不需要操作数。

A：仅 load 和 store 缓冲器有该字段。开始时存放指令中的立即数字段,地址计算后存放有效地址。

3) 数据列表

数据列表的内容如图 5.5 所示。

数据列表

D1 = M[R[R2] + 34]   D5 = D3 / D1

D2 = M[R[R3] + 45]   D6 = D4 + D2

D3 = D2 * R[F4]

D4 = D2 - D1

图 5.5　数据列表

4) 寄存器

寄存器的内容如图 5.6 所示。

该寄存器各字段的含义如下。

值：寄存器的值。

Qi：寄存器状态,用于存放将结果写入该寄存器的保留站的站号。为 0 表示当前没有正在执行的要写入该寄存器的指令,即该寄存器中的内容就绪。

当指令列表、保留站、数据列表、寄存器中的内容写不下时,模拟器会采用缩写的方法。这时,内容展示区域会显示内容的缩写及对应的值。

寄存器								⬆
名称	F0	F2	F4	F6	F8	F10	F12	F14
值	-	D2	-	D1	-	-	-	-
Qi	Mult1	0	-	* Add2	Add1	Mult2	-	-
名称	F16	F18	F20	F22	F24	F26	F28	F30
值	-	-	-	-	-	-	-	-
Qi	-	-	-	-	-	-	-	-

图 5.6　寄存器的内容

5.5　相关知识：Tomasulo 算法

5.5.1　基本思想

Tomasulo 算法是由 Robert Tomasulo 发明的，因而以他的名字命名。IBM 360/91 机器中的浮点部件首先采用了这种方法。尽管许多现代处理机采用了这种方法的各种变形，但其核心思想都是：①记录和检测指令相关，操作数一旦就绪就立即执行，把发生 RAW 冲突的可能性减到最小；②通过寄存器换名来消除 WAR 冲突和 WAW 冲突。

图 5.7 是基于 Tomasulo 算法的浮点处理部件的基本结构，其中采用了多个功能部件。图中没有画出记录和控制指令执行所使用的各种表格。

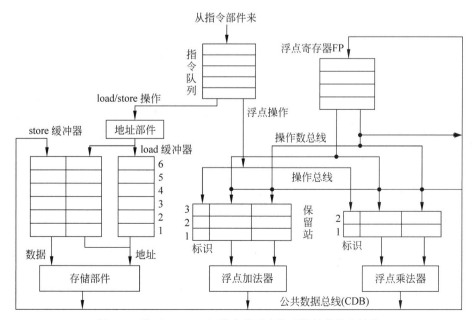

图 5.7　基于 Tomasulo 算法的浮点处理部件的基本结构

下面对图 5.7 中的各组成部分作一简要说明。

1) 保留站

保留站设置在运算部件的入口,每个保留站中保存一条已经流出并等待到本功能部件执行的指令(相关信息),包括操作码、操作数以及用于检测和解决冲突的信息。在一条指令流出到保留站的时候,如果该指令的源操作数已经在寄存器中就绪,则将之取到该保留站中。如果操作数还没有计算出来,则在该保留站中记录将产生这个操作数的保留站的标识。浮点加法器有 3 个保留站,分别命名为 ADD1、ADD2、ADD3,浮点乘法器有两个保留站,分别命名为 MULT1、MULT2。每个保留站都有一个标识字段,唯一地标识了该保留站。

2) 公共数据总线

公共数据总线(CDB)是该结构中的一条重要的数据通路,所有功能部件的计算结果都是送到 CDB 上,由它把这些结果直接送到(播送到)各个需要该结果的地方。从存储器读取的数据也是送到 CDB 上。CDB 连到除了 load 缓冲器以外的所有部件的入口。浮点寄存器通过一对总线连接到功能部件,并通过 CDB 连接到 store 缓冲器的入口。

3) load 缓冲器和 store 缓冲器

load 缓冲器和 store 缓冲器中存放的是读/写存储器的数据或地址。它们的行为和保留站类似,所以把它们当作保留站来看待,只在必要时才加以区分。

load 缓冲器的作用有 3 个:

(1) 存放用于计算有效地址的分量;

(2) 记录正在进行的 load 访存,等待存储器的响应;

(3) 保存已经完成的 load 的结果(即从存储器取来的数据),等待 CDB 传输。

类似地,store 缓冲器的作用也有 3 个:

(1) 存放用于计算有效地址的分量;

(2) 保存正在进行的 store 访存的目标地址,该 store 正在等待存储数据的到达;

(3) 保存该 store 的地址和数据,直到存储部件接收。

4) 浮点寄存器 FP

共有 16 个浮点寄存器:F0,F2,F4,…,F30。它们通过一对总线连接到功能部件,并通过 CDB 连接到 store 缓冲器。

5) 指令队列

指令部件送来的指令放入指令队列。指令队列中的指令按先进先出的顺序流出。

6) 运算部件

浮点加法器完成加法和减法操作,浮点乘法器完成乘法和除法操作。

在 Tomasulo 算法中,寄存器换名是通过保留站和流出逻辑完成的。当指令流出时,如果其操作数还没有计算出来,则将该指令中相应的寄存器号换名为将产生这个操作数的保留站的标识。指令流出到保留站后,其操作数寄存器号或者换成了数据本身(如果该数据已经就绪),或者换成了保留站的标识,不再与寄存器有关系。这样后面指令对该寄存器的写入操作就不可能产生 WAR 冲突了。

采用 Tomasulo 算法之后,指令的执行分为以下 3 步。

(1) 流出。

从指令队列的头部取一条指令。如果该指令的操作所要求的保留站有空闲,就把该指令送到该保留站(设为 r)。并且,如果其操作数在寄存器中已经就绪,就将这些操作数送入保留站 r。如果其操作数还没有就绪,就把将产生该操作数的保留站的标识送入保留站 r。这样,一旦被记录的保留站完成计算,它将直接把数据送给保留站 r。这一步实际上是对寄存器进行换名(换成保留站的标识)和对操作数进行缓冲,消除了 WAR 冲突。另外,还要完成对目标寄存器的预约工作,将之设置为接受保留站 r 的结果。这实际上相当于提前完成了写操作(预约)。由于指令是按程序顺序流出的,当出现多条指令写同一个结果寄存器时,最后留下的预约结果肯定是最后一条指令的,就是说消除了 WAW 冲突。

当然,如果没有空闲的保留站,指令就不能流出,这是因为发生了结构冲突。

(2) 执行。

如果某个操作数还没有被计算出来,本保留站将监视 CDB,等待所需的计算结果。一旦那个结果产生,它就被放到 CDB 上,本保留站立即获得该数据。当两个操作数都就绪后,本保留站就开始用相应的功能部件执行指令规定的操作。这里是等到所有操作数都备齐后才开始执行指令,也就是靠推迟执行的方法解决 RAW 冲突。由于结果数据是从其产生的部件(保留站)直接送到需要它的地方,所以这已经最大限度地减少了 RAW 冲突的影响。

显然,保留站有可能会出现多条指令在同一时钟周期变成就绪的情况。不同的功能部件可以并行执行,但在一个功能部件内部,就绪的多条指令就得逐条地处理。可以采用随机的方法选择要执行的指令。

load 和 store 指令的执行需要两个步骤:计算有效地址(要等到基地址寄存器就绪)和把有效地址放入 load 或 store 缓冲器。load 缓冲器中的 load 指令的执行条件是存储器部件就绪,而 store 缓冲器中的 store 指令在执行前必须等到要存入存储器的数据到达。通过按顺序进行有效地址计算来保证程序顺序,有助于避免访问存储器的冲突。

(3) 写结果。

功能部件计算完毕后,就将计算结果放到 CDB 上,所有等待该计算结果的寄存器和保留站(包括 store 缓冲器)同时从 CDB 上获得所需要的数据。store 指令在这一步完成对存储器的写入:当写入地址和数据都备齐时,将它们送给存储器部件,store 指令完成。

保留站、寄存器组和 load/store 缓冲器都包含附加标志信息,用于检测和消除冲突。不同部件的附加信息略有不同。标识字段实际上就是用于换名的一组虚拟寄存器的名称(编号)。例如,在图 5.7 中,标识字段可以是一个 4 位的二进制数字,用于表示 5 个保留站和 6 个 load 缓冲单元中的某一个,这相当于有 11 个保留站可以被指定为产生结果的源(而 IBM360 体系结构中只有 4 个双精度浮点寄存器),特殊编号 0 表示寄存器中的操作数就绪。

每个保留站有以下 7 个字段:

Op:要对源操作数进行的操作。

Qj、Qk:将产生源操作数的保留站号。其值为 0 表示操作数已经就绪且在 Vj 或 Vk

中,或者不需要操作数。

Vj、Vk：源操作数的值。对于每一个操作数来说,V 和 Q 字段只有一个有效。对于 load 来说,Vk 字段用于保存偏移量。

Busy：为 yes 表示本保留站或缓冲单元"忙"。

A：仅 load 和 store 缓冲器有该字段。开始是存放指令中的立即数字段,地址计算后存放有效地址。

此外,还有个寄存器状态表 Qi。每个寄存器在该表中有对应的一项,用于存放将结果写入该寄存器的保留站的站号。其值为 0 表示当前没有正在执行的要写入该寄存器的指令,也即该寄存器中的内容就绪。

5.5.2　具体算法

下面给出 Tomasulo 算法中指令进入各阶段的条件以及在各阶段进行的操作和状态表内容修改,其中各符号的意义如下。

r：分配给当前指令的保留站或者缓冲器单元(编号);

rd：目标寄存器编号;

rs、rt：操作数寄存器编号;

imm：符号扩展后的立即数;

RS：保留站;

result：浮点部件或 load 缓冲器返回的结果;

Qi：寄存器状态表;

Regs[]：寄存器组。

对于 load 指令来说,rt 是保存所取数据的寄存器号; 对于 store 指令来说,rt 是保存所要存储的数据的寄存器号。与 rs 对应的保留站字段是 Vj、Qj; 与 rt 对应的保留站字段是 Vk、Qk。

请注意：Qi、Qj、Qk 的内容或者为 0,或者是一个大于 0 的整数。Qi 为 0 表示相应寄存器中的数据就绪,Qj、Qk 为 0 表示保留站或缓冲器单元中的 Vj 或 Vk 字段中的数据就绪。当它们均为正整数时,表示相应的寄存器、保留站或缓冲器单元正在等待结果,这个正整数就是将产生该结果的保留站或 load 缓冲器单元的编号。

1. 指令流出

1) 浮点运算指令

进入条件：有空闲保留站(设为 r)

操作和状态表内容修改：

```
if (Qi[rs] = 0)              //检测第一操作数是否就绪
    {RS[r].Vj←Regs[rs];      //第一操作数就绪,把寄存器 rs 中的操作数取到当前保留站的 Vj
    RS[r].Qj←0};             //置 Qj 为 0,表示当前保留站的 Vj 中的操作数就绪
else                         //第一操作数没有就绪
```

`{RS[r].Qj←Qi[rs]}`	//进行寄存器换名,即把将产生该操作数的保留站的编号放入当 //前保留站的 Qj,该编号是一个大于 0 的整数
`if (Qi[rt] = 0)`	//检测第二操作数是否就绪
`  {RS[r].Vk←Regs[rt];`	//第二操作数就绪,把寄存器 rt 中的操作数取到当前保留站的 Vk
`  RS[r].Qk←0};`	//置 Qk 为 0,表示当前保留站的 Vk 中的操作数就绪
`else`	//第二操作数没有就绪
`{RS[r].Qk←Qi[rt]}`	//进行寄存器换名,即把将产生该操作数的保留站的编号放入当 //前保留站的 Qk
`RS[r].Busy←yes;`	//置当前保留站为"忙"
`RS[r].Op←Op;`	//设置操作码
`Qi[rd]←r;`	//把当前保留站的编号 r 放入 rd 所对应的寄存器状态表项,以便 //rd 将来接收结果

2) load 和 store 指令

进入条件:缓冲器有空闲单元(设为 r)

操作和状态表内容修改:

`if (Qi[rs] = 0)`	//检测第一操作数是否就绪
`  {RS[r].Vj←Regs[rs];`	//第一操作数就绪,把寄存器 rs 中的操作数取到当前缓冲器 //单元的 Vj
`  RS[r].Qj←0};`	//置 Qj 为 0,表示当前缓冲器单元的 Vj 中的操作数就绪
`else`	//第一操作数没有就绪
`  {RS[r].Qj←Qi[rs]}`	//进行寄存器换名,即把将产生该操作数的保留站的编号存入当 //前缓冲器单元的 Qj
`RS[r].Busy←yes;`	//置当前缓冲器单元为"忙"
`RS[r].A←Imm;`	//把符号位扩展后的偏移量放入当前缓冲器单元的 A

对于 load 指令:

`Qi[rt]←r;`	//把当前缓冲器单元的编号 r 放入 load 指令的目标寄存器 rt //所对应的寄存器状态表项,以便 rt 将来接收所取的数据

对于 store 指令:

`if (Qi[rt] = 0)`	//检测要存储的数据是否就绪
`  {RS[r].Vk←Regs[rt];`	//该数据就绪,把它从寄存器 rt 取到 store 缓冲器单元的 Vk
`  RS[r].Qk←0};`	//置 Qk 为 0,表示当前缓冲器单元的 Vk 中的数据就绪
`else`	//该数据没有就绪
`  {RS[r].Qk←Qi[rt]}`	//进行寄存器换名,即把将产生该数据的保留站的编号 //放入当前缓冲器单元的 Qk

2. 执行

1) 浮点操作指令

进入条件:(RS[r].Qj=0)且(RS[r].Qk=0)//两个源操作数就绪

操作和状态表内容修改:进行计算,产生结果。

2) load/store 指令

进入条件：$(RS[r].Qj=0)$且 r 成为 load/store 缓冲队列的头部

操作和状态表内容修改：

```
RS[r].A←RS[r].Vj+RS[r].A          //计算有效地址
```

对于 load 指令，在完成有效地址计算后，还要进行：

```
从 Mem[RS[r].A]读取数据          //从存储器中读取数据
```

3. 写结果

1) 浮点运算指令和 load 指令

进入条件：保留站 r 执行结束，且 CDB 就绪。

操作和状态表内容修改：

```
∀x (if(Qi[x]=r)               //对于任何一个正在等该结果的浮点寄存器 x,
  {Regs[x]←result;             //向该寄存器写入结果
  Qi[x]←0};                    //把该寄存器的状态置为数据就绪
∀x (if(RS[x].Qj=r)            //对于任何一个正在等该结果作为第一操作数的保留站 x,
  {RS[x].Vj←result;            //向该保留站的 Vj 写入结果
  RS[x].Qj←0});                //置 Qj 为 0,表示该保留站的 Vj 中的操作数就绪
∀x (if(RS[x].Qk=r)            //对于任何一个正在等该结果作为第二操作数的保留站 x,
  {RS[x].Vk←result;            //向该保留站的 Vk 写入结果
  RS[x].Qk←0});                //置 Qk 为 0,表示该保留站的 Vk 中的操作数就绪
RS[r].Busy←no;                //释放当前保留站,将之置为空闲状态
```

2) store 指令

进入条件：保留站 r 执行结束，且 $RS[r].Qk=0$　　//要存储的数据已经就绪

操作和状态表内容修改：

```
Mem[RS[r].A]←RS[r].Vk          //数据写入存储器,地址由 store 缓冲器单元的 A 字段给出
RS[r].Busy←no;                //释放当前缓冲器单元,将之置为空闲状态
```

说明：

(1) 当浮点运算指令流出到一个保留站 r 时，把该指令的目标寄存器 rd 的状态表项置为 r，以便将来从 r 接收运算结果(相当于进行了预约或者定向)。如果该指令所需的操作数都已经就绪，就将之取到保留站 r 的 V 字段；否则，就表示需要等待别的保留站(设为 s)为其产生操作数，这时把保留站 r 的 Q 字段设置为指向保留站 s，指令将在保留站 r 中等待操作数，直到保留站 s 把结果送来(同时将该 Q 字置为 0)。当指令执行完成且 CDB 就绪，就可以把结果写回，即把数据放到 CDB 上，所有 Qj、Qk 或 Qi 字段等于 s 的保留站、缓冲器单元以及寄存器都可以在同一个时钟周期内同时接收该结果，即把该结果在一个时钟周期内播送到了所有需要它的地方。操作数因此而备齐的指令可以在下一个时钟周期开始执行。

(2) 在 Tomasulo 算法中，load 和 store 指令的处理与浮点运算指令有些不同。只要 load 缓冲器有空闲单元，load 指令就可以流出。load 指令在"执行"阶段分两步进行：计

算有效地址和访存读取数据。执行完毕后,与其他功能部件一样,一旦获得 CDB 的使用权,就可以将结果放到 CDB 上。store 指令的写入操作在"写结果"阶段进行。如果要写入的数据已经就绪,可以马上进行,否则就需要等待,等该数据产生后从 CDB 获得,然后写入存储器。最后要释放当前缓冲器单元,将之置为空闲状态。

（3）该算法对于指令的执行有个限制,就是如果流水线中还有分支指令没有执行,那么当前指令就不能进入"执行"阶段。这是因为在"流出"阶段后,程序顺序就不再被保证了。所以,为了保持正确的异常行为,必须加上这个限制。

实验 6　再定序缓冲(ROB)工作原理

6.1　实验目的

(1) 加深对指令级并行性及其开发的理解。

(2) 加深对基于硬件的前瞻执行的理解。

(3) 掌握 ROB 在流出、执行、写结果、确认 4 个阶段所进行的操作。

(4) 掌握 ROB 缓冲器的结构。

(5) 给定被执行代码片段,对于具体某个时钟周期,能写出保留站、ROB 以及浮点寄存器状态表内容的变化情况。

6.2　实验平台

实验平台采用再定序缓冲 ROB 模拟器。

设计:张晨曦教授,版权所有。

6.3　实验内容和步骤

首先要掌握 ROB 模拟器的使用方法(见 6.4 节)。

(1) 假设浮点功能部件的延迟时间为加法 2 个时钟周期,乘法 10 个时钟周期,除法 40 个时钟周期,Load 部件 2 个时钟周期。

① 对于下面的代码段,给出当指令 MUL.D 即将确认时保留站、ROB 以及浮点寄存器状态表的内容。

```
L.D     F6,24(R2)
L.D     F2,12(R3)
MUL.D   F0,F2,F4
SUB.D   F8,F6,F2
DIV.D   F10,F0,F6
ADD.D   F6,F8,F2
```

② 按步进方式执行上述代码,利用模拟器的"小三角按钮"的对比显示功能,观察每

一个时钟周期前后保留站、ROB 以及浮点寄存器状态表的内容的变化情况。

（2）对于与上面相同的延迟时间和代码段：

① 给出在第 5 个时钟周期时,保留站的内容。

② 步进 5 个时钟周期,ROB 的内容有哪些变化?

③ 再步进 5 个时钟周期,给出这时保留站、ROB 以及浮点寄存器状态表的内容。

（3）假设浮点功能部件的延迟时间为加减法 3 个时钟周期,乘法 8 个时钟周期,除法 40 个时钟周期。编写一段程序(要在实验报告中给出),重复上述步骤(2)。

6.4 ROB 模拟器使用方法

1. 设置指令和参数

本模拟器最多可以模拟 10 条指令。可以单击“编辑”按钮,在“编辑”页面设置指令执行周期,或选择和设置所要的指令。“编辑”页面的“设置指令”区如图 6.1 所示。

设置指令				+
操作码	操作数 1	操作数 2	操作数 3	
L.D ▾	F6 ▾	34 ▾	R2 ▾	−
L.D ▾	F2 ▾	45 ▾	R3 ▾	−
MUL.D ▾	F0 ▾	F2 ▾	F4 ▾	−
SUB.D ▾	F8 ▾	F6 ▾	F2 ▾	−
DIV.D ▾	F10 ▾	F0 ▾	F6 ▾	−
ADD.D ▾	F6 ▾	F8 ▾	F2 ▾	−

图 6.1 “编辑”页面的“设置指令”区

可以从下拉框中选择指令,供选择的指令有以下 5 种。

（1）L.D：从主存读取一个双精度浮点数指令。

（2）ADD.D：双精度浮点加法指令。

（3）SUB.D：双精度浮点减法指令。

（4）MUL.D：双精度浮点乘法指令。

（5）DIV.D：双精度浮点除法指令。

指令的各参数也可以从各自的下拉框中选择。

还可以在窗口的上方区域设置各部件的执行周期 (时钟周期数),如图 6.2 所示。

设置执行周期				⟳
Load	2		Add/Sub	2
Mult	10		Div	40

其中,“复位”按钮 ⟳ 的作用是将所有设置恢复为默认值。

图 6.2 设置功能部件执行周期

2. 运行

单击"运行"按钮,进入运行状态。单击模拟器界面右上角的指令控制面板
[+1CP] [-1CP] [+5CP] [-5CP] [执行到底] 跳转至 ▶ 上的按钮,可以控制指令的执行,包括前进 1 步(+1CP)、
后退 1 步(-1CP)、前进 5 个周期(+5CP)、后退 5 个周期(-5CP)、执行到底、退出等。
此外,还可以用 ▶ 按钮直接跳转到指定的时钟周期。如果想修改被运行的代码,单击"退
出"按钮,即可回到设置指令和参数页面。

3. 状态对比

每个表的右上角外侧有一个向上的小箭头 ⬆ ,单击它,会弹出该表在上一个时钟周
期的内容。这是为了让使用者通过对比了解哪些内容发生了变化。在弹出表以外的区域
再次单击,可以将其收回。

4. 各个表的内容

1) 指令列表

指令列表如图 6.3 所示,它列出了各指令什么时候执行到了哪一步。其中的数字表
示时钟周期,"-"表示时钟周期期间。例如,图 6.3 中的 2-3 表示在第 2 个到第 3 个时钟周
期(含第 3 个),第一条 L.D 指令已经执行完成。

指令列表							⬆
序号	指令		状态	流出周期	执行周期	写结果周期	确认周期
1	L.D	F6,34(R2)	完成	CP 1	CP 2 - 3	CP 4	CP 5
2	L.D	F2,45(R3)	完成	CP 2	CP 3 - 4	CP 5	CP 6
3	MUL.D	F0,F2,F4	执行	CP 3	剩余 9 CP	-	-
4	SUB.D	F8,F6,F2	执行	CP 4	剩余 1 CP	-	-
5	DIV.D	F10,F0,F6	流出	CP 5	-	-	-
6	ADD.D	F6,F8,F2	流出	CP 6	-	-	-

图 6.3　指令列表

2) 再定序缓冲器(ROB)

ROB 如图 6.4 所示。

图 6.4　再定序缓冲器(ROB)

它按照队列方式工作,其中各字段的意义如下。

序号:给出各项的编号。

Busy:"忙"标志,指出相应的行是否占用。

类型:给出是什么类型的指令占用该行。

目的:指出结果写到哪里。

值:暂时存放相应指令的计算结果,在该指令被确认时,将被写到目的地。

3)保留站

保留站的内容如图 6.5 所示。

保留站								
名称	Busy	Op	Vj	Vk	Qj	Qk	Dest	A
Load1	No	-						
Load2	No	-						
Add1	Yes	SUB. D	D1	D2	0	0	#4	-
Add2 *	Yes	* ADD. D	-	* D2	* #4	* 0	* #6	-
Add3	No	-						
Mult1	Yes	MUL. D	D2	R[F4]	0	0	#3	-
Mult2	Yes	DIV. D	-	D1	#3	0	#5	-

图 6.5 保留站

其中,各字段的名称和意义与图 5.4 中的相同。不过,这里增加了一个字段——目的地 Dest,它指出相应部件的运算结果暂时存放到 ROB 的第几号单元。

4)数据列表

数据列表的内容如图 6.6 所示。

5)寄存器

寄存器的内容如图 6.7 所示。

数据列表
D1 = M[R[R2] + 34]
D2 = M[R[R3] + 45]
D3 = D2 * R[F4]
D4 = D1 - D2
D5 = D3 / D1
D6 = D4 + D2

图 6.6 数据列表

寄存器								↑
名称	F0	F2	F4	F6	F8	F10	F12	F14
值	-	* D2	-	D1	-	-	-	-
ROB 项	#3	* 0	-	* #6	#4	#5	-	-
名称	F16	F18	F20	F22	F24	F26	F28	F30
值	-	-	-	-	-	-	-	-
ROB 项	-	-	-	-	-	-	-	-

图 6.7 寄存器的内容

寄存器各字段的含义如下。

ROB 项:指出它在等哪个 ROB 项的数据。当那个 ROB 项中的指令被确认且其值已经就绪时,那个数据将被写入该寄存器。

值:寄存器的值。

当指令列表、再定序缓冲器(ROB)、保留站、数据列表、寄存器中的内容写不下时,模拟器会采用缩写的方法。这时,内容展示区域会显示内容的缩写及对应的值。

6.5　相关知识:再定序缓冲(ROB)

对于多流出的处理机来说,只准确地预测分支已经不能满足要求了,因为有可能每个时钟周期都要执行一条分支指令。控制相关已经成了开发更多 ILP 的一个主要障碍。前瞻执行能很好地解决控制相关的问题,它对分支指令的结果进行猜测,并假设这个猜测总是对的,然后按这个猜测结果继续取、流出和执行后续的指令。只是执行指令的结果不是写回到寄存器或存储器,而是放到一个称为 ROB 的缓冲器中。等到相应的指令得到"确认"(即确实是应该执行的)后,才将结果写入寄存器或存储器。之所以要这样,是为了在猜测错误的情况下能够恢复原来的现场(即没有进行不可恢复的写操作)。

基于硬件的前瞻执行是把三种思想结合在了一起:

(1) 动态分支预测,用来选择后续执行的指令。

(2) 在控制相关的结果尚未出来之前,前瞻地执行后续指令。

(3) 用动态调度对基本块的各种组合进行跨基本块的调度。

我们后面要讨论的前瞻执行是在 Tomasulo 算法的基础上实现的。PowerPC 603/604/G3/G4,MIPS R10000/R12000,Intel Pentium Ⅱ/Ⅲ/4,Alpha 21264 和 AMD K5/K6/Athlon 等处理器中实现的前瞻执行也是如此。

对 Tomasulo 算法加以扩充,就可以支持前瞻执行。当然,硬件也需要做相应的扩展。在 Tomasulo 算法中,写结果和指令完成是一起在"写结果"段完成的。现在我们要对写结果和指令完成加以区分,分成两个不同的段:"写结果"和"指令确认"。"写结果"段是把前瞻执行的结果写到 ROB 中,并通过 CDB 在指令之间传送结果,供需要用到这些结果的指令使用。当然,这些指令的执行也是前瞻执行的。"指令确认"段是在分支指令的结果出来后,对相应指令的前瞻执行给予确认,把在 ROB 中的结果写到寄存器或存储器(如果前面所做的猜测是对的)。当然,如果发现前面对分支结果的猜测是错误的,那就不予以确认,并从该分支指令的另一条路径开始重新执行。

前瞻执行允许指令乱序执行,但要求按程序顺序确认。并且在指令被确认之前,不允许它进行不可恢复的操作,如更新机器状态或发生异常。

基于 Tomasulo 算法的支持前瞻执行的浮点部件的结构如图 6.8 所示,与图 5.7 相比,主要是增加了一个 ROB 缓冲器。ROB 是为实现前瞻执行而设置的,它在指令操作完成后到指令被确认这段时间,为指令保存数据。正在前瞻执行的指令之间也是通过 ROB 传送结果的,因为前瞻执行的指令在被确认前是不能写寄存器的。由于 ROB 与图 5.7 中的 store 缓冲器类似,这里把 store 缓冲器的功能合并到 ROB 中。

ROB 中的每一项由以下 4 个字段组成:

(1) 指令类型:指出该指令是分支指令、store 指令或寄存器操作指令。

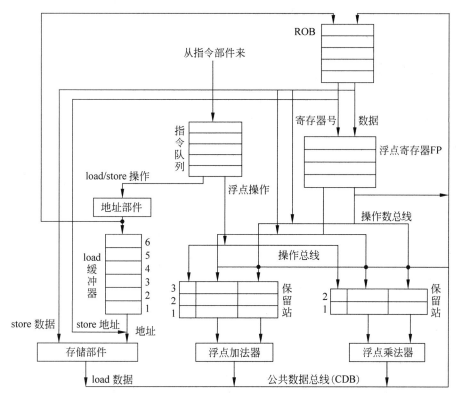

图 6.8 基于 Tomasulo 算法的支持前瞻执行的浮点部件的结构

（2）目标地：给出指令执行结果应写入的目标寄存器号（如果是 load 和 ALU 指令）或存储器单元的地址（如果是 store 指令）。

（3）数据值字段：保存指令前瞻执行的结果，直到指令得到确认。

（4）就绪字段：指出指令是否已经完成执行并且数据已就绪。

在前瞻执行机制中，Tomasulo 算法中保留站的换名功能是由 ROB 完成的。这样，保留站的作用就仅仅是在指令流出到指令开始执行期间，为指令保存运算操作码和操作数。每条指令在被确认前，在 ROB 中都有相应的一项，对执行结果是用 ROB 的项目编号作为标识，而不像 Tomasulo 算法那样是用保留站的编号，这就要求在保留站中记录分配给该指令的 ROB 项（编号）。

采用前瞻执行机制后，指令的执行步骤如下（请注意：这些步骤是在 Tomasulo 算法的基础上改造的，与 Tomasulo 算法类似的操作就不予以说明了）。

（1）流出。

从浮点指令队列的头部取一条指令，如果有空闲的保留站（设为 r）且有空闲的 ROB 项（设为 b），就流出该指令，并把相应的信息放入保留站 r 和 ROB 项 b。即：如果该指令需要的操作数已经在寄存器或 ROB 中就绪，就把它（们）送入保留站 r 中。修改 r 和 b 的控制字段，表示它们已经被占用。ROB 项 b 的编号也要放入保留站 r，以便将来当该保留站的执行结果被放到 CDB 上时可以用它作为标识。如果保留站或 ROB 全满，便停止流出指令，直到它们都有空闲的项。

（2）执行。

如果有操作数尚未就绪,就等待,并不断地监测 CDB。这一步检测 RAW 冲突,当两个操作数都已在保留站中就绪后,就可以执行该指令的操作。load 指令的操作还是分两步完成(有效地址计算和读取数据),store 指令在这一步只进行有效地址计算。

（3）写结果。

当结果产生后,将该结果连同本指令在流出段所分配到的 ROB 项的编号放到 CDB 上,经 CDB 写到 ROB 以及所有等待该结果的保留站,然后释放产生该结果的保留站。store 指令在本阶段完成,其操作有些特殊(与 Tomasulo 算法不同):如果要写入存储器的数据已经就绪,就把该数据写入分配给该 store 指令的 ROB 项;否则,就监测 CDB,直到那个数据在 CDB 上播送出来,这时才将之写入分配给该 store 指令的 ROB 项。

（4）确认。

这一阶段对分支指令、store 指令以及其他指令的处理不同:

① 对于除分支指令和 store 指令以外的指令来说,当该指令到达 ROB 队列的头部而且其结果已经就绪时,就把该结果写入该指令的目标寄存器,并从 ROB 中删除该指令。

② 对 store 指令的处理与①类似,只是它是把结果写入存储器。

③ 当预测错误的分支指令到达 ROB 队列的头部时,就表示是错误的前瞻执行。这时要清空 ROB,并从分支指令的另一个分支重新开始执行。

④ 当预测正确的分支指令到达 ROB 队列的头部时,该指令执行完毕。

一旦指令得到确认,就释放它所占用的 ROB 项。当 ROB 满时,就停止指令的流出,直到有空闲项被释放出来。

实验 7　多 Cache 一致性——监听协议

7.1　实验目的

(1) 加深对多 Cache 一致性的理解。

(2) 进一步掌握解决多 Cache 一致性的监听协议的基本思想。

(3) 掌握在各种情况下监听协议是如何工作的,能给出要进行什么样的操作以及状态的变化情况。

7.2　实验平台

实验平台采用多 Cache 一致性监听协议模拟器。

设计:张晨曦教授,版权所有。

7.3　实验内容和步骤

首先要掌握该模拟器的使用方法(见 7.4 节)。

(1) 对于以下访问序列,写出监听协议所进行的操作。

所进行的访问	是否发生替换	是否发生写回	监听协议所进行的操作
CPU A 读第 5 块			
CPU B 读第 5 块			
CPU C 读第 5 块			
CPU B 写第 5 块			
CPU D 读第 5 块			
CPU B 写第 21 块			
CPU A 写第 23 块			
CPU C 写第 23 块			
CPU B 读第 29 块			
CPU B 写第 5 块			

(2) 编写一个访问序列,写出监听协议所进行的操作。

所进行的访问	是否发生替换	是否发生写回	监听协议所进行的操作

(3) 根据上述结果,画出相关的状态转换图。

7.4　监听协议模拟器使用方法

该模拟器模拟 4 个 CPU(A、B、C、D)访存的工作过程。每个 CPU 中都有一个 Cache,该 Cache 包含 4 个块,其块地址为 0~3。集中共享存储器中有 32 个块,其块地址为 0~31。每个块的状态用色块来表示,其中灰色表示"无效"状态,淡青色表示"共享",橘红色表示"独占"。

对于每个 CPU,可以指定所要进行的访问是读还是写(从列表中选),并在输入框中输入所要访问的主存块号,然后单击其右边的标有 ↓ 的按钮,模拟器就将开始演示该访问的工作过程。

该模拟器的主菜单有 4 个:配置、控制、统计、帮助。

1. 配置

该菜单用于进行配置参数的显示与设置。你可以修改动画播放速度,把游标往右边拖拽可提高播放速度,往左边拖拽可降低播放速度。你还可以选择是否进行优化传块,优化传块是指当要访问的块在某个 Cache 中,且处于独占状态时,可以不用等该块写回主存后再从主存调块,而可以直接将该块传送给发出访问请求的结点。

本模拟器采用直接映像方法和写回法。

2. 控制

该菜单可以通过该菜单中的选项来控制模拟器的执行。该菜单下有以下 3 个选项:单步执行、连续执行、复位。

1）单步执行

选用该方式后,单击鼠标左键或单击左上角的"步进"按钮,都会使模拟器前进一步。

2）连续执行

选用该方式后,单击标有↓的按钮,模拟器会连续演示一次访存的整个过程,直至该访问结束。

3）复位

使模拟器复位,回到初始状态。

也可以通过单击窗口内左上角的选项和按钮来控制模拟器的执行,其功能与上述菜单选项相同。

3. 统计

该菜单用于显示模拟器的统计结果,包括各处理机的访问次数、命中次数、不命中次数以及命中率。

4. 帮助

该菜单下有"关于"和"使用说明"两个选项。

7.5　相关知识：监听协议

7.5.1　基本思想

监听式协议——当物理存储器中的数据块被调入 Cache 时,其共享状态信息与该数据块一起放在该 Cache 中。系统中没有集中的状态表,这些 Cache 通常连在共享存储器的总线上。当某个 Cache 需要访问存储器时,它会把请求放到总线上广播出去,其他各个 Cache 控制器通过监听总线(它们一直在监听)来判断它们是否有总线上请求的数据块。如果有,就进行相应的操作。

在使用多个微处理器,且每个 Cache 都与单一共享存储器相连组成的多处理机中,一般都采用监听协议,因为这种协议可直接利用已有的物理连接(连接到存储器的总线)。

可以采用两种方法来解决上述的 Cache 一致性问题。一种方法是保证处理器在对某个数据项进行写入之前拥有对该数据项的唯一的访问权。具体做法是在处理器(设为 P)进行写入操作之前,把其他 Cache 中的副本全部作废,这称为写作废协议。它是目前最常用的协议,无论是采用监听协议还是采用目录协议都是如此。唯一的访问权保证了在进行写入操作时其他处理器上不存在任何副本。如果其他处理器接着要访问该数据,就会产生不命中,从而从存储器取出新的数据副本(写直达法),或者从 P 的 Cache 中获得新的数据(写回法)。另一种方法是采用写更新协议。在这种协议中,当一个处理器对某数据项进行写入时,它把该新数据广播给所有其他 Cache。这些 Cache 用该新数据对其中的副本(如果有的话)进行更新。当然,如果知道其他 Cache 中都没有相应的副本,就不必进行广播和更新。这样处理能够减少实现该协议所需的带宽。

7.5.2 监听协议的实现

1. 监听协议的基本实现技术

实现监听协议的关键有 3 个方面：

(1) 处理器之间通过一个可以实现广播的互连机制相连,通常采用的是总线。

(2) 当一个处理器的 Cache 响应本地 CPU 的访问时,如果它涉及全局操作,例如需要访问共享的存储器或需要其他处理器中的 Cache 进行相应的操作(例如作废等),其 Cache 控制器就要在获得总线的控制权后在总线上发出相应的消息。

(3) 所有处理器都一直在监听总线,它们检测总线上的地址在它们的 Cache 中是否有副本,若有,则响应该消息,并进行相应的操作。

获取总线控制权的顺序性保证了写操作的串行化,因为当两个处理器要同时对同一数据块进行写操作时,必然只有其中一个处理器先获得总线控制权,并作废所有其他处理器上的相关副本,另一个处理器要等待前一个处理器的写操作完成后再排队竞争总线控制权。这保证了写操作严格地按顺序进行。所有的一致性协议都要采用某种方法来保证对同一个 Cache 块的写访问的串行化。

虽然不同的监听协议在具体实现上有些差别,但在许多方面是相同的。Cache 发送到总线上的消息主要有以下两种:

- RdMiss——读不命中
- WtMiss——写不命中

RdMiss 和 WtMiss 分别表示本地 CPU 对 Cache 进行读访问和写访问时不命中,这时都需要通过总线找到相应数据块的最新副本,然后调入本地 Cache 中。尽管这个副本不一定在存储器中,但为了尽快获得这个副本,一般是马上启动对存储器相关块的访问。对于写直达 Cache 来说,由于所有写入的数据都同时被写回存储器,所以其最新值总可以从存储器中找到。而对于写回法 Cache 来说,难度就大一些了,因为这个最新副本有可能是在其他某个处理器的 Cache 中(尚未写回存储器)。在这种情况下,将由该 Cache 向请求方处理器提供该块,并终止由 RdMiss 或 WtMiss 所引发的对存储器的访问。当然,RdMiss 和 WtMiss 还将使相关 Cache 块的状态发生改变。

有的监听协议还增设了一条 Invalidate 消息,用来通知其他各处理器作废其 Cache 中相应的副本。Invalidate 和 WtMiss 的区别在于 Invalidate 不引起调块。

每个处理器(实际上是 Cache 控制器)都监听其他处理器放到总线上的地址,如果某个处理器发现它拥有被请求数据块的一个最新副本,它就把这个数据块送给发出请求的处理器。与写直达法相比,尽管写回法在实现的复杂度上有所增加,但由于写回法 Cache 所需的存储器带宽较低,它在多处理机实现上仍很受欢迎。在后面的讨论中,只考虑写回法 Cache。

Cache 本来就有的标识可直接用来实现监听。通过把总线上的地址和 Cache 内的标识进行比较,就能找到相应的 Cache 块(如果有的话),然后对其进行相应的处理。每个块的有效位使得我们能很容易地实现作废机制。当要作废一个块时,只需将其有效位置为无效即可。对于 CPU 读不命中的情况,处理比较简单,Cache 控制器向总线发 RdMiss 消息,并启动从主存的读块操作,准备调入 Cache。当然,如果存储器中的块不是最新的,最新的副本在某个 Cache 中,就要由该 Cache 提供数据,并终止对存储器的访问。

对于写操作来说,希望能够知道其他处理器中是否有该写入数据的副本,因为如果没有,就不用把这个写操作放到总线上,从而减少所需要的带宽以及这个写操作所花的时间。这可以通过给每个 Cache 块增设一个共享位来实现。该共享位用来表示该块是被多个处理器所共享(共享位为"1"),还是仅被某个处理器所独占(共享位为"0")。拥有该数据块的唯一副本的处理器通常被称为该块的拥有者。

当一个块处于独占状态时,其他处理器中没有该块的副本,因此不必向总线发 Invalidate 消息。否则就是处于共享状态,这时要向总线发 Invalidate 消息,作废所有其他 Cache 中的副本,同时将本地 Cache 中该块的共享标志位置"0"。如果后面又有另一处理器再读这个块,则其状态将再次转化为共享。由于每个 Cache 都在监听总线上的消息,所以它们知道什么时候另一个处理器请求访问该块,从而把其状态改为共享。

2. 监听协议举例

实现监听协议通常是在每个结点内嵌入一个有限状态控制器。该控制器根据来自处理器或总线的请求以及 Cache 块的状态,做出相应的响应,包括改变所选择的 Cache 块的状态、通过总线访问存储器或作废 Cache 块等。

下面要介绍的监听协议实例比较简单。每个数据块的状态只能取以下 3 种状态中的一种:

(1) 无效(简称 I):表示 Cache 中该块的内容无效。显然,所要访问的块尚未进入 Cache。

(2) 共享(简称 S):表示该块可能处于共享状态,即在多个($\geqslant 2$)处理器中都有副本。这些副本都相同,且与存储器中相应的块相同。之所以说可能,是因为它包含了这种特殊情况:在整个系统中,该块只在一个 Cache 中有副本,而且该副本与存储器中相应的块相同,对处于共享状态的块只能进行读操作。如果要进行写操作,就要先把其状态改为"已修改"。

(3) 已修改(简称 M):表示该块已经被修改过,并且还没写入存储器。这时该块中的内容是最新的,而且是整个系统中唯一的最新副本。处于已修改状态的块由本地处理器所独占,该处理器不仅可以对它进行读操作,而且可以对它进行写操作。

下面讨论在各种情况下监听协议所进行的操作。

1. 响应来自处理器的请求

对不发生替换和发生替换的两种情况分别进行讨论。

1) 不发生替换的情况(参见图 7.1(a))

(1) 状态为 I。

在这种情况下的操作与单 Cache 中的情况类似。

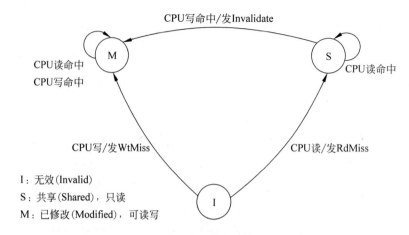

(a) 一般CPU访问的情况及操作

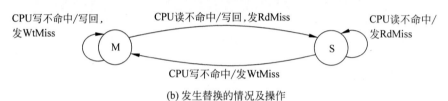

(b) 发生替换的情况及操作

图 7.1　写作废协议中(采用写回法),Cache 块的状态转换图Ⅰ:响应来自 CPU 的请求

当 CPU 要进行读访问时,由于所要访问的块尚未调入 Cache,所以发生读不命中,需要向总线发 RdMiss 消息。调入该块后,把其状态改为共享(S)。这时该数据块在 Cache 中有唯一的一个副本,且该副本与存储器中的相应内容相同。

当 CPU 要进行写访问时,由于所要访问的块尚未调入 Cache,所以发生写不命中,需要向总线发 WtMiss 消息。调入该块后,将其状态改为已修改(M)。这时该数据块在 Cache 中有唯一的一个副本(最新),且该副本与存储器中的相应内容不同。存储器中的内容已过时。

(2) 状态为 S。

当 CPU 要进行读访问时,如果命中,则状态不变,否则就需要进行替换。这种情况后面再讨论。

当 CPU 要进行写访问时,需先把 Cache 中相应块的状态改为已修改 M,然后把数据写入,同时作废所有其他 Cache 中的副本。在命中的情况下,无须调块,只要向总线发 Invalidate 消息即可。如果不命中,就需要进行替换,这种情况后面再讨论。

(3) 状态为 M。

在这种状态下,当 Cache 读命中或写命中时,状态不变。但当不命中时,就需要进行替换,这种情况后面再讨论。

2) 发生替换的情况

当 CPU 访问 Cache 不命中,而按映像规则所映射到的块或组中已经没有空闲块(状态为 I)的时候,就要进行替换。这时就根据替换算法在 Cache 中选择一个块作为被替换的块,该块的内容将被新调入的块所替换。图 7.1(b)给出了在发生替换情况下的状态转换及操作。

（1）状态为 S。

当发生读不命中时，就向总线发 RdMiss，调入一个新块并替换原来的块，并且该 Cache 块的状态不用改变，因为处理器是进行读访问。

当发生写不命中时，就向总线发 WtMiss，也是调入一个新块并替换原来的块，但要把该块的状态改为 M，这是因为处理器是进行写访问。

（2）状态为 M。

这种情况与（1）类似，只是在写不命中时，Cache 块的状态不用改变，而在读不命中时，要把状态改为 S。此外，还有关键的一点，就是在该块被替换之前，需要将其中的内容先写回存储器，这是因为该块是整个系统中唯一的最新副本。

2. 响应来自总线的请求

每个处理器都在监视总线上的消息和地址，当发现有与总线上的地址相匹配的 Cache 块时，就要根据该块的状态以及总线上的消息，进行相应的处理，参见图 7.2。

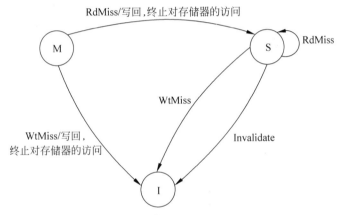

图 7.2　写作废协议中（采用写回法），Cache 块的状态转换图 Ⅱ：响应来自总线的请求

1）状态为 S

这种状态表示该块是一个只读副本。当远程处理器（相对于本地处理器而言）因进行读访问不命中而在总线上发 RdMiss 时，由于调块后不对该块进行写操作，所以本地 Cache 中该块的状态不变。但如果远程结点是因为要进行写操作而往总线上发 WtMiss 或 Invalidate 消息，则需要作废本地 Cache 中的该块，将其状态改为 I。

2）状态为 M

这种状态表示该块是整个系统中唯一的最新副本。不管远程处理器发的是 RdMiss 还是 WtMiss，本 Cache 都需要将这个唯一的副本写回存储器，并终止 RdMiss 或 WtMiss 引发的对存储器的访问，改由本 Cache 提供该块。在状态方面，RdMiss 将导致本地 Cache 中该块的状态变为 S，即该块也变成一个只读的共享块；而 WtMiss 则将其状态修改为 I，将之作废。这是因为远程处理器需要的是一个独占的块。

在上述协议中假设操作具有原子性，即其操作进行过程中不能被打断，例如将写不命中的检测、申请总线和接收响应作为一个单独的原子操作，但在实际中的情况会比这复杂得多。

实验 8 多 Cache 一致性——目录协议

8.1 实验目的

（1）加深对多 Cache 一致性的理解。

（2）进一步掌握解决多 Cache 一致性的目录协议的基本思想。

（3）掌握在各种情况下目录协议是如何工作的,能给出要进行什么样的操作以及状态的变化情况。

8.2 实验平台

实验平台采用多 Cache 一致性目录协议模拟器。

设计：张晨曦教授,版权所有。

8.3 实验内容和步骤

首先要掌握该模拟器的使用方法(见 8.4 节)。

（1）对于以下访问序列,写出目录协议所进行的操作。

所进行的访问	目录协议所进行的操作
CPU A 读第 6 块	
CPU B 读第 6 块	
CPU D 读第 6 块	
CPU B 写第 6 块	
CPU C 读第 6 块	
CPU D 写第 20 块	
CPU A 写第 20 块	
CPU D 写第 6 块	
CPU A 读第 12 块	

（2）编写一个访问序列,写出目录协议所进行的操作。

所进行的访问	是否发生替换	是否发生写回	目录协议所进行的操作

（3）根据上述结果,画出相关的状态转换图(仅画出与上表相关的部分)。

8.4　目录协议模拟器使用方法

该模拟器模拟 4 个 CPU（A、B、C、D）访存的工作过程。每个 CPU 中都有一个 Cache,该 Cache 包含 4 个块,其块地址为 0～3。分布式存储器中有 32 个块,其块地址为 0～31。Cache 中每个块的状态用色块来表示,其中灰色表示"无效"状态,淡青色表示"共享",橘红色表示"独占"。主存中块的状态由其右边的目录项的颜色来表示,未缓冲状态由黄色来表示,其他两种状态同 Cache 块。

对于每个 CPU,可以指定所要进行的访问是读还是写(从列表中选),并在输入框中输入所要访问的主存块号,然后单击在其右边的标有 ↓ 的按钮,模拟器就开始演示该访问的工作过程。

该模拟器的主菜单有 4 个：配置、操作、统计、帮助。

1. 配置

该菜单用于进行配置参数的显示与设置。可以修改动画播放速度,把游标往右边拖拽可提高播放速度,往左边拖拽可降低播放速度。还可以选择是否进行优化传块,优化传块是指当要访问的块在某个 Cache 中,且处于独占状态时,可以不用等该块写回主存后再从主存调块,而是可以直接将该块传送给发出访问请求的结点。

本模拟器采用直接映像方法和写回法。

2. 操作

操作可以通过该菜单中的选项来控制模拟器的执行。该菜单下有以下 3 个选项：单步执行、连续执行、复位。

1）单步执行

选用该方式后,敲任意键、单击鼠标左键或单击左上角的"步进"按钮,都会使模拟器前进一步。

2）连续执行

选用该方式后,单击标有↓的按钮,模拟器会连续演示一次访存的整个过程,直至该访问结束。

3）复位

使模拟器复位,回到初始状态。

3. 统计

该菜单用于显示模拟器的统计结果,包括各处理机的访问次数、命中次数、不命中次数以及命中率。

4. 帮助

该菜单下有"关于"和"使用说明"两个选项。

8.5　相关知识：目录协议

8.5.1　目录协议的基本思想

目录协议采用了一个集中的数据结构——目录来实现 Cache 一致性。对于存储器中的每一个可以调入 Cache 的数据块,在目录中设置一条目录项,用于记录该块的状态以及哪些 Cache 中有副本等相关信息。这样,对于任何一个数据块,都可以快速地在唯一的一个位置(根据该存储块的地址来确定)中找到相关的信息,这使得目录协议避免了广播操作。

目录法常采用位向量的方法来记录哪些 Cache 中有副本,该位向量中的每一位对应一个处理器。例如可以用"1"表示相应的处理器的 Cache 有副本,用"0"表示没有副本。这个位向量的长度与处理器的个数成正比。为便于讨论,后面我们把由位向量指定的处理机的集合称为共享集 S。

目录协议根据该项目中的信息以及当前要进行的访问操作,依次对相应的 Cache 发送控制消息,并完成对目录项信息的修改。此外,还要向请求处理器发送响应信息。

为了提高可扩放性,可以把存储器及相应的目录信息分布到各结点中,如图 8.1 所示。每个结点的目录中的信息是对应于该结点存储器中的数据块的。这使得对于不同目录项的访问可以在不同的结点中并行进行。当处理器进行访存操作时,如果该地址落在本地存储器的地址范围中,就是本地的,否则就是远程的,这是由结点内的控制器根据访问地址来判定的。

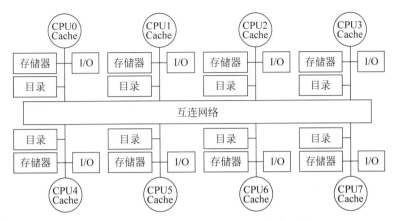

图 8.1　对每个结点增加目录后的分布式存储器多处理机

对于目录法来说,最简单的实现方案是对于存储器中每一块都在目录中设置一项。在这种情况下,目录中的信息量与 $M \times N$ 成正比。其中 M 表示存储器中存储块的总数量,N 表示处理器的个数。

在目录协议中,存储块的状态有以下 3 种。

(1) 未缓冲:该块尚未被调入 Cache,所有处理器的 Cache 中都没有这个块的副本。

(2) 共享:该块在一个或多个处理机上有这个块的副本,且这些副本与存储器中的该块相同。

(3) 独占:仅有一个处理机有这个块的副本,且该处理机已经对其进行了写操作,所以其内容是最新的,而存储器中该块的数据已过时,这个处理机称为该块的拥有者。

为了提高实现效率,在每个 Cache 中还跟踪记录每个 Cache 块的状态。

在目录法中,每个 Cache 中的 Cache 块的状态及其转换与前面监听法的情况相同,只是在状态转换时所进行的操作有些不同。

图 8.2 是用来说明本地结点、宿主结点以及远程结点的概念及其相互关系的示意图。本地结点是指发出访问请求的结点(图 8.2 中的 A)。该结点中的处理机 P 发出了一个地址为 K 的访存请求。宿主结点是指包含所访问的存储单元及其目录项的结点(图中的 B),它包含地址 K 的存储单元及相应的目录项。因为物理地址空间是静态分布的,所以对于某一给定的物理地址,包含其存储单元及目录项的结点是确定且唯一的。该地址的高位指出结点号,而低位则表示在相应结点的存储器内的偏移量。图中的 C 是远程结点,它拥有相应存储块的副本。

本地结点和宿主结点可以是同一个结点,这时所访问的单元就在本地结点的存储器中。远程结点可以和宿主结点是同一个结点,也可以和本地结点是同一个结点。在这些情况下,基本协议不需要变动,只是结点之间的消息变成了结点内的消息。

为了实现一致性,需要在结点之间发送以下消息。

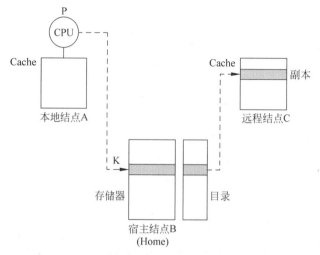

图 8.2 宿主结点、本地结点和远程结点

1. 本地结点发给宿主结点(目录)的消息

1) RdMiss(P,K)

括号中的内容表示所带参数。其中 P 为发出请求的处理机编号,K 为所要访问的地址,下同。

功能说明:处理机 P 读取地址 A 的数据时不命中,请求宿主结点提供数据(块),并要求把 P 加入共享集。

2) WtMiss(P,K)

功能说明:处理机 P 对地址 A 进行写入时不命中,请求宿主结点提供数据,并使 P 成为所访问数据块的独占者(共享集合中只有 P)。

3) Invalidate(K)

功能说明:请求向所有拥有相应数据块副本(包含地址 K)的远程 Cache 发 Invalidate 消息,作废这些副本。

2. 宿主结点(目录)发送给远程结点的消息

1) Invalidate(K)

功能说明:作废远程 Cache 中包含地址 K 的数据块。

2) Fetch(K)

功能说明:从远程 Cache 中取出包含地址 K 的数据块,并将之送到宿主结点,把远程 Cache 中那个块的状态改为"共享"。

3) Fetch&Inv(K)

功能说明:从远程 Cache 中取出包含地址 K 的数据块,并将之送到宿主结点,然后作废远程 Cache 中的那个块。

3. 宿主结点发送给本地结点的消息：DReply(D)

功能说明：这里的 D 表示数据内容，该消息的功能是把从宿主存储器获得的数据返回给本地 Cache。

4. 远程结点发送给宿主结点的消息：WtBack(K,D)

功能说明：把远程 Cache 中包含地址 K 的数据块写回到宿主结点中，该消息是远程结点对宿主结点发来的"取数据"或"取/作废"消息的响应。

实际上，只要数据块由独占状态变成共享状态，就必须进行写回，因为所有的独占块都是被修改过的，而且任何处于共享状态的块与宿主存储器中相应存储块的内容必定是相同的。

5. 本地结点发送给被替换块的宿主结点的消息

1) MdSharer(P,K)

功能说明：该消息用于当本地 Cache 中需要替换一个包含地址 K 的块，且该块未被修改过的情况。这个消息发给该块的宿主结点，请求它将 P 从共享集中删除。如果删除后共享集变为空集，则宿主结点还要将该块的状态变为"未缓存"(U)。

2) WtBack2(P,K,D)

功能说明：该消息用于本地 Cache 中需要替换一个包含地址 K 的块，且该块已被修改过的情况。这个消息发给该块的宿主结点，完成两步操作：①把该块写回；②进行与 MdSharer 相同的操作。

需要说明的是，这里所说的宿主结点是指要被替换的块的宿主结点，它与当前本地结点正在访问的块的宿主结点是不同的。

简单起见，这里我们假设消息被接收和处理的顺序与消息发送的顺序相同，但实际情况并不一定如此，从而会产生更多的复杂性。

8.5.2　目录协议实例

基于目录的协议中，Cache 的基本状态与监听协议中的相同，Cache 块状态转换的操作实质上也与监听协议相同。只是在监听协议中，相关的消息要放到总线上进行广播，现在则是由点到点的通信来完成。本地结点把请求发给宿主结点中的目录，再由目录控制器有选择地向远程结点发出相应的消息，使远程结点进行相应的操作，并进行目录中状态信息等的更新。与监听协议相同，当对 Cache 块进行写操作时，该 Cache 块必须处于独占状态。另外，对于任何一个处于共享状态的块来说，其宿主存储器中的内容都是最新的。

图 8.3 是在基于目录协议的系统中，响应本地 Cache CPU 请求时 Cache 块的状态转换图。图中用斜杠来分隔请求和响应操作。斜杠前的是请求，斜杠后的是相应的操作。在这些操作中，有的是向本次访问的宿主结点进一步发请求，如 RdMiss、WtMiss、Invalidate，有的则是向被替换块的宿主结点发请求，如 MdSharer、WtBack2。其含义见 8.5.1 节。

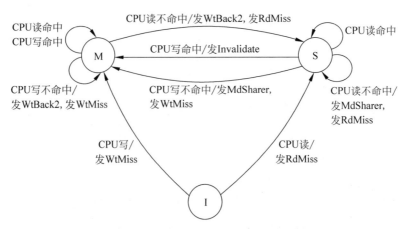

图 8.3　基于目录的系统中 Cache 块的状态转换图 I：响应本地 CPU 的请求

图 8.4 是远程结点中 Cache 块响应来自宿主结点的请求的状态转换图。这些请求包括 Invalidate(作废)、Fetch(取数据块)、Fetch&Inv(取数据块并作废)。其含义见 8.5.1 节。

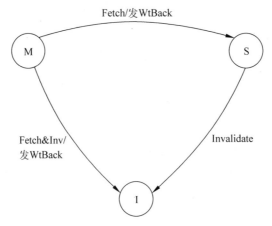

图 8.4　基于目录的系统中 Cache 块的状态转换图 II：响应宿主目录的请求

如果把上述 Cache 块的状态转换及操作机制看成完成了目录一致性协议的一半,则目录部分实现了该协议中的另一半。

如前所述,目录中存储器块的状态有未缓存、共享和独占。除了每个块的状态外,目录项还用位向量记录拥有其副本的处理器的集合,这个集合称为共享集合。对于从本地结点发来的请求,目录所进行的操作包括：①向远程结点发送消息以完成相应的操作,这些远程结点由共享集合指出；②修改目录中该块的状态；③更新共享集合。

目录可能接收到 3 种不同的请求：读不命中、写不命中或数据写回。假设这些操作是原子的。

为了进一步理解目录所进行的操作,下面分析各个状态下所接收到的请求和所进行的相应操作(参见图 8.5)。

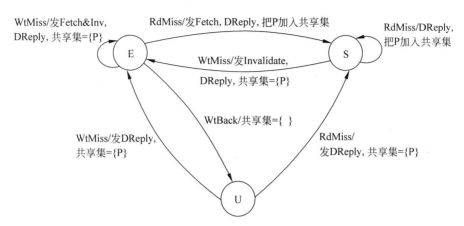

图 8.5 目录的状态转换及相应的操作

（1）当一个块处于未缓冲状态（U）时，对该块发出的请求及处理操作如下。

◆ RdMiss（读不命中）：将所要访问的存储器数据送往请求方处理机，且该处理机成
为该块的唯一共享结点，本块的状态变成共享。

◆ WtMiss（写不命中）：将所要访问的存储器数据送往请求方处理机，该块的状态变
成独占，表示该块仅存在唯一的副本。其共享集合仅包含该处理机，指出该处理
机是其拥有者。

（2）当一个块处于共享状态（S）时，其在存储器中的数据是当前最新的，对该块发出
的请求及处理操作如下。

◆ RdMiss：将存储器数据送往请求方处理机，并将其加入共享集合。

◆ WtMiss：将数据送往请求方处理机，对共享集合中所有的处理机发送作废消息，
且将共享集合改为仅含有该处理机，该块的状态变为独占。

（3）当某块处于独占状态（E）时，该块的最新值保存在共享集合所指出的唯一处理机
（拥有者）中。有 3 种可能的请求。

◆ RdMiss：将"取数据"的消息发往拥有者处理机，将它所返回给宿主结点的数据写
入存储器，进而把该数据送回请求方处理机，将请求方处理机加入共享集合。此
时共享集合中仍保留原拥有者处理机（因为它仍有一个可读的副本），将该块的状
态变为共享。

◆ WtMiss：该块将有一个新的拥有者，给旧的拥有者处理机发送消息，要求它将数
据块送回宿主结点写入存储器，然后从该结点送给请求方处理机。同时还要把旧
拥有者处理机中的该块作废，把请求处理机加入共享者集合，使之成为新的拥有
者，该块的状态仍旧是独占。

◆ WtBack（写回）：当一个块的拥有者处理机要从其 Cache 中把该块替换出去时，必须
将该块写回其宿主结点的存储器中，从而使存储器中相应的块中存放的数据是最新
的（宿主结点实际上成为拥有者），该块的状态变成未缓冲，其共享集合为空。

　　实际计算机中采用的目录协议要做一些优化。比如对某个独占块发出读或写不命中时,该块将先被送往宿主结点存入存储器,然后被送往请求结点,而实际中的计算机很多都是将数据从拥有者结点直接送往该请求结点,同时写回宿主结点中的存储器。

　　基于目录的 Cache 一致性协议是完全由硬件实现的。当然,也可以用软硬结合的办法实现,即将一个可编程协议处理机嵌入到一致性控制器中,这样既减少了成本,又缩短了开发周期。这是因为可编程协议处理机可以根据实际应用需要很快开发出来,而一致性协议处理中的异常情况可完全交给软件执行。这种软硬结合实现 Cache 一致性的代价是损失了一部分效率。

附录 A   MIPSsim 的指令列表

MIPSsim 是一个指令级和流水线级的 MIPS 模拟器,它能够执行用 MIPS 汇编语言(子集)编写的程序,下面给出它所能够执行的 MIPS 指令的列表(MIPS64 指令集的一个子集)。

符号说明:

(1) 在指令助记符中,“.W”表示 32 位整数,“.L”表示 64 位整数,“.S”表示单精度浮点数,“.D”表示双精度浮点数,“.fmt”表示多种格式的数据,fmt∈(S,D,W,L)。

(2) 助记符的最后一个字母为 U 表示无符号操作,I 表示与立即值操作,IU 表示无符号立即值操作。助记符的第一个字母为 D 表示是双字(64 位)操作。

(3) 简洁起见,直接用 rs 表示 rs 寄存器中的内容,其他的如 rt、rd、fs、ft、fd 等都是如此。

(4) fs、ft、fd 表示浮点寄存器。一般来说,fs 和 ft 表示源操作数(寄存器),fd 表示结果寄存器。

(5) rs、rt、rd 表示整数寄存器,也称为通用寄存器。一般来说,rs 和 rt 表示源操作数(寄存器),rd 表示目的寄存器。

(6) 以下是两个特殊寄存器:

LO——特殊寄存器,常用来存放乘积的低 32 位(或 64 位)以及除法的商;

HI——特殊寄存器,常用来存放乘积的高 32 位(或 64 位)以及除法的余数。

1. 算术运算指令(表 A.1)

表 A.1   算术运算指令

名　　称	格　　式	描　　述
寄存器加(ADD)	ADD rd,rs,rt	rd←rs+rt 32 位,按有符号数操作
立即值加(ADDI)	ADDI rt,rs,immediate	rt←rs+immediate 32 位,按有符号数操作,immediate 都是 16 位的,下同
无符号立即值加(ADDIU)	ADDIU rt,rs,immediate	rt←rs+immediate 32 位,按无符号数操作
无符号加(ADDU)	ADDU rd,rs,rt	rd←rs+rt 32 位,按无符号数操作
双字寄存器加(DADD)	DADD rd,rs,rt	rd←rs+rt 按有符号数操作

名　称	格　式	描　述
双字立即值加(DADDI)	DADDI rt,rs,immediate	rt←rs＋immediate 按有符号数操作
双字无符号立即值加(DADDIU)	DADDIU rt,rs,immediate	rt←rs＋immediate 按无符号数操作
双字无符号加(DADDU)	DADDU rd,rs,rt	rd←rs＋rt 按无符号数操作
寄存器减(SUB)	SUB rd,rs,rt	rd←rs－rt 32 位,按有符号数操作
无符号减(SUBU)	SUBU rd,rs,rt	rd←rs－rt 32 位,按无符号数操作
双字寄存器减(DSUB)	DSUB rd,rs,rt	rd←rs－rt 按有符号数操作
双字无符号减(DSUBU)	DSUBU rd,rs,rt	rd←rs－rt 按无符号数操作
寄存器乘 1(MUL)	MUL rd,rs,rt	rd←rs×rt 32 位,按有符号数操作
寄存器乘 2(MULT)	MULT rs,rt	(LO,HI)←rs×rt,32 位,按有符号数操作。所得到的积的低 32 位按符号扩展后送特殊寄存器 LO,高 32 位按符号扩展后送特殊寄存器 HI
无符号寄存器乘(MULTU)	MULTU rs,rt	按无符号数操作,其余同 MULT
双字寄存器乘(DMULT)	DMULT rd,rs,rt	(LO,HI)←rs×rt 积的低 64 位送 LO,高 64 位送 HI,按有符号数操作
双字无符号乘(DMULTU)	DMULTU rd,rs,rt	按无符号数操作,其余同 DMULT
寄存器除(DIV)	DIV rs,rt	(LO,HI)←rs/rt 32 位商送 LO,32 位余数送 HI,按有符号数操作
无符号寄存器除(DIVU)	DIVU rs,rt	按无符号数操作,其余同 DIV
双字寄存器除(DDIV)	DDIV rs,rt	(LO,HI)←rs/rt 64 位商送 LO,64 位余数送 HI,按有符号数操作
双字无符号除(DDIVU)	DDIVU rs,rt	按无符号数操作,其余同 DDIV
小于比较(SLT)	SLT rd,rs,rt	if (rs<rt)　rd←1 else rd←0 按有符号数操作
无符号小于比较(SLTU)	SLTU rd,rs,rt	if (rs<rt)　rd←1 else rd←0 按无符号数操作

名　　称	格　　式	描　　述
立即值小于比较(SLTI)	SLTI rt,rs,immediate	if (rs<immediate) rt←1 else rt←0 按有符号数操作
无符号立即值小于比较(SLTIU)	SLTIU rt,rs,immediate	if (rs<immediate) rt←1 else rt←0 按无符号数操作
字节符号位扩展(SEB)	SEB rd,rt	rd←rt 的末字节按符号位扩展
半字符号位扩展(SEH)	SEH rd,rt	rd←rt 的后半字按符号位扩展

2. 逻辑运算指令(表 A.2)

表 A.2　逻辑运算指令

名　　称	格　　式	描　　述
与(AND)	AND rd,rs,rt	rd←rs AND rt
立即值与(ANDI)	ANDI rt,rs,immediate	rt←rs AND immediate
取立即值高位(LUI)	LUI rt,immediate	16 位 immediate 低位拼接 16 位 0,然后按符号位扩展后装入 rt
或非(NOR)	NOR rd,rs,rt	rd←rs NOR rt
或(OR)	OR rd,rs,rt	rd←rs OR rt
立即值或(ORI)	ORI rt,rs,immediate	rt←rs OR immediate
异或(XOR)	XOR rd,rs,rt	rd←rs XOR rt
立即值异或(XORI)	XORI rt,rs,immediate	rt←rs XOR immediate

3. CPU 移位指令(表 A.3)

表 A.3　CPU 移位指令

名　　称	格　　式	描　　述
按立即值逻辑左移(SLL)	SLL rd,rt,sa	rd←rt<<sa rt 中的低 32 位进行逻辑左移,结果按符号位扩展,然后放入 rd。移动的位数由立即值 sa 给出
按立即值算术右移(SRA)	SRA rd,rt,sa	rd←rt>>sa rt 中的低 32 位进行算术右移,其余同 SLL
按立即值逻辑右移(SRL)	SRL rd,rt,sa	rd←rt>>sa rt 中的低 32 位进行逻辑右移,其余同 SLL
按变量逻辑左移(SLLV)	SLLV rd,rt,rs	rd←rt<<rs rt 中的低 32 位进行逻辑左移,结果进行符号位扩展,然后放入 rd 移动的位数由寄存器 rs 给出

名　称	格　式	描　述
按变量算术右移(SRAV)	SRAV rd,rt,rs	rd←rt>>rs rt 中的低 32 位进行算术右移,其余同 SLLV。
按变量逻辑右移(SRLV)	SRLV rd,rt,rs	rd←rt>>rs rt 中的低 32 位进行逻辑右移,其余同 SLLV
按立即值循环右移(ROTR)	ROTR rd,rt,sa	rd←rt 中的低 32 位进行循环右移, 移动的位数由立即值 sa 给出
按变量循环右移(ROTRV)	ROTRV rd,rt,rs	rd←rt 中的低 32 位进行循环右移, 移动的位数由寄存器 rs 给出
双字按立即值逻辑左移(DSLL)	DSLL rd,rt,sa	rd←rt<<sa 移动的位数由立即值 sa 给出
双字按立即值逻辑右移(DSRL)	DSRL rd,rt,sa	rd←rt>>sa 移动的位数由立即值 sa 给出
双字按立即值算术右移(DSRA)	DSRA rd,rt,sa	rd←rt>>sa 移动的位数由立即值 sa 给出
双字按变量逻辑左移(DSLLV)	DSLLV rd,rt,rs	rd←rt<<rs 移动的位数由寄存器 rs 给出
双字按变量逻辑右移(DSRLV)	DSRLV rd,rt,rs	rd←rt>>rs 移动的位数由寄存器 rs 给出
双字按变量算术右移(DSRAV)	DSRAV rd,rt,rs	rd←rt>>rs 移动的位数由寄存器 rs 给出
双字按立即值循环右移(DROTR)	DROTR rd,rt,sa	rd←rt 中的双字循环右移, 移动的位数由立即值 sa 给出
双字按变量循环右移(DROTRV)	DROTRV rd,rt,rs	rd←rt 中的双字循环右移, 移动的位数由寄存器 rs 给出

4. CPU 传送指令(表 A.4)

表 A.4　CPU 传送指令

名　称	格　式	描　述
等于 0 传送(MOVZ)	MOVZ rd,rs,rt	If(rt=0)then rd←rs
不等于 0 传送(MOVN)	MOVN rd,rs,rt	If(rt!=0) then rd←rs
从 HI 传送至整数寄存器(MFHI)	MFHI rd	rd←HI
从 LO 传送至整数寄存器(MFLO)	MFLO rd	rd←LO
从整数寄存器传送至 HI (MTHI)	MTHI rs	HI←rs
从整数寄存器传送至 LO (MTLO)	MTLO rs	LO←rs
浮点条件码为假整数传送(MOVF)	MOVF rd,rs,cc	if FPConditionCode(cc)=0 then rd←rs
浮点条件码为真整数传送(MOVT)	MOVT rd,rs,cc	if FPConditionCode(cc)=1 then rd←rs

5. 浮点传送指令（表 A.5）

表 A.5　浮点传送指令

名　称	格　式	描　述
把浮点控制寄存器的内容传送至整数寄存器（CFC1）	CFC1 rt,fs	把 fs 中的 32 位数据按符号位扩展成 64 位后送入 rt
把整数寄存器的内容传送至浮点控制寄存器（CTC1）	CTC1 rt,fs	fs←rt
从浮点寄存器传送双字到整数寄存器（DMFC1）	DMFC1 rt,fs	rt←fs
从整数寄存器传送双字到浮点寄存器（DMTC1）	DMTC1 rt,fs	fs←rt
从浮点寄存器传送 32 位至整数寄存器（MFC1）	MFC1 rt,fs	rt←fs 符号位扩展后
从整数寄存器传送 32 位至浮点寄存器（MTC1）	MTC1 rt,fs	fs←rt
单精度浮点传送（MOV.S）	MOV.S fd,fs	fd←fs
双精度浮点传送（MOV.D）	MOV.D fd,fs	
等于 0 单精度浮点传送（MOVZ.S）	MOVZ.S fd,fs,rt	If(rt=0) then fd←fs
等于 0 双精度浮点传送（MOVZ.D）	MOVZ.D fd,fs,rt	
不等于 0 单精度浮点传送（MOVN.S）	MOVN.S fd,fs,rt	If(rt!=0) then fd←fs
不等于 0 双精度浮点传送（MOVN.D）	MOVN.D fd,fs,rt	
浮点条件码为假单精度浮点传送（MOVF.S）	MOVF.S fd,fs,cc	if FPConditionCode(cc)=0 then fd←fs
浮点条件码为假双精度浮点传送（MOVF.D）	MOVF.D fd,fs,cc	if FPConditionCode(cc)=0 then fd←fs
浮点条件码为真单精度浮点传送（MOVT.S）	MOVT.S fd,fs,cc	if FPConditionCode(cc)=1 then fd←fs
浮点条件码为真双精度浮点传送（MOVT.D）	MOVT.D fd,fs,cc	if FPConditionCode(cc)=1 then fd←fs

6. 分支指令（表 A.6）

表 A.6　分支指令

名　称	格　式	描　述
无条件转移（B）	B offset	用以下指令实现：BEQ r0,r0,offset
等于 0 转移（BEQZ）	BEQZ rs,rt,offset	if(rs=0)　then action action 表示：以 offset 作为相对于 PC+4 的偏移量进行转移，下同
不等于 0 转移（BNEZ）	BNEZ rs,rt,offset	if(rs!=0)　then action[注]
相等转移（BEQ）	BEQ rs,rt,offset	if(rs=rt)　then action[注]

名　称	格　式	描　述
不相等转移(BNE)	BNE rs,rt,offset	if(rs!=rt)　then action[注]
大于或等于 0 转移(BGEZ)	BGEZ rs,offset	if(rs>=0)　then action[注]
大于 0 转移(BGTZ)	BGTZ rs,offset	if(rs>0)　then action[注]
小于或等于 0 转移(BLEZ)	BLEZ rs,offset	if(rs<=0)　then action[注]
小于 0 转移(BLTZ)	BLTZ rs,offset	if(rs<0)　then action[注]
大于或等于 0 转移并链接(BGEZAL)	BGEZAL rs,offset	If (rs>=0)　then action,并将返回地址(当前的 PC 值)保存到 R31
小于 0 转移并链接(BLTZAL)	BLTZAL rs,offset	If (rs<0)　then action,并将返回地址保存到 R31
从异常处理返回(ERET)	ERET	

注：action 表示以 offset 作为相对于 PC+4 的偏移量进行转移。

7. 跳转指令(表 A.7)

表 A.7　跳转指令

名　称	格　式	描　述
跳转(J)	J target	无条件转移到目标地址 target
寄存器跳转(JR)	JR rs	无条件转移,目标地址由 rs 给出
跳转并链接(JAL)	JAL target	无条件转移到目标地址 target,并将返回地址 PC+4 保存到 R31
寄存器跳转并链接(JALR)	JALR rd,rs	无条件转移到 rs 给出的地址,并将返回地址 PC+4 保存到 R31

8. 访存指令(表 A.8)

从存储器读出数据或将数据写入存储器。存储器的地址按"16 位偏移量 offset+定点寄存器 base 的内容"计算。

表 A.8　访存指令

名　称	格　式	描　述
取字节(LB)	LB rt,offset(base)	rt←memory[base+offset] 按有符号数操作
取半字(LH)	LH rt,offset(base)	
取字(LW)	LW rt,offset(base)	
取无符号字节(LBU)	LBU rt,offset(base)	rt←memory[base+offset] 按无符号数操作
取无符号半字(LHU)	LHU rt,offset(base)	
取无符号字(LWU)	LWU rt,offset(base)	
取双字(LD)	LD rt,offset(base)	rt←memory[base+offset]
取浮点数(LDC1)	LDC1 ft,offset(base)	ft←memory[base+offset]

名　　称	格　　式	描　　述
存字节(SB)	SB rt,offset(base)	memory[base+offset]←rt
存半字(SH)	SH rt,offset(base)	
存字(SW)	SW rt,offset(base)	
存双字(SD)	SD rt,offset(base)	
存浮点数(SDC1)	SDC1 ft,offset(base)	memory[base+offset]←ft

9. 浮点访存指令(表 A.9)

表 A.9　浮点访存指令

名　　称	格　　式	描　　述
取单精度浮点数(L.S)	L.S ft,offset(base)	ft←memory[base+offset] ft 为浮点寄存器,下同
取双精度浮点数(L.D)	L.D ft,offset(base)	
取字到 FPR(LWC1)	LWC1 ft,offset(base)	
取双字到 FPR(LDC1)	LDC1 ft,offset(base)	
存单精度浮点数(S.S)	S.S ft,offset(base)	memory[base+offset]←ft
存双精度浮点数(S.D)	S.D ft,offset(base)	
存 FPR 中的单字到存储器(SWC1)	SWC1 ft,offset(base)	memory[base+offset]←ft
存 FPR 中的双字到存储器(SDC1)	SDC1 ft,offset(base)	
变址取单字到 FPR(LWXC1)	LWXC1 fd,index(base)	fd←memory[base+index]
变址取双字到 FPR(LDXC1)	LDXC1 fd,index(base)	
变址存 FPR 中的单字(SWXC1)	SWXC1 fs,index(base)	memory[base+index]←fs
变址存 FPR 中的双字(SDXC1)	SDXC1 fs,index(base)	

10. 自陷指令(表 A.10)

表 A.10　自陷指令

名　　称	格　　式	描　　述
等于自陷(TEQ)	TEQ rs,rt	If rs=rt then trap
不等于自陷(TNE)	TNE rs,rt	If rs!=rt then trap
大于或等于自陷(TGE)	TGE rs,rt	If rs>=rt then trap
小于自陷(TLT)	TLT rs,rt	If rs<rt then trap
大于或等于自陷(TGEU)	TGEU rs,rt	If rs>=rt then trap
小于自陷(TLTU)	TLTU rs,rt	If rs<rt then trap
等于立即值自陷(TEQI)	TEQI rs,immediate	If rs=immediate then trap
不等于立即值自陷(TNEI)	TNEI rs,immediate	If rs!=immediate then trap
大于或等于立即值自陷(TGEI)	TGEI rs,immediate	If rs>=immediate then trap
小于立即值自陷(TLTI)	TLTI rs,immediate	If rs<immediate then trap
大于或等于无符号立即值自陷(TGEIU)	TGEIU rs,immediate	If rs>=immediate then trap
小于无符号立即值自陷(TLTIU)	TLTIU rs,immediate	If rs<immediate then trap

11. 浮点运算指令(表 A. 11)

表 A. 11   浮点运算指令

名　　称	格　　式	描　　述
单精度求绝对值(ABS. S)	ABS. S fd,fs	$fd\leftarrow abs(fs)$
双精度求绝对值(ABS. D)	ABS. D fd,fs	
单精度浮点加(ADD. S)	ADD. S fd,fs,ft	$fd\leftarrow fs+ft$
双精度浮点加(ADD. D)	ADD. D fd,fs,ft	
单精度浮点减(SUB. S)	SUB. S fd,fs,ft	$fd\leftarrow fs-ft$
双精度浮点减(SUB. D)	SUB. D fd,fs,ft	
单精度浮点乘(MUL. S)	MUL. S fd,fs,ft	$fd\leftarrow fs\times ft$
双精度浮点乘(MUL. D)	MUL. D fd,fs,ft	
单精度浮点除(DIV. S)	DIV. S fd,fs,ft	$fd\leftarrow fs/ft$
双精度浮点除(DIV. D)	DIV. D fd,fs,ft	
单精度浮点求负(NEG. S)	NEG. S fd,fs	$fd\leftarrow -fs$
双精度浮点求负(NEG. D)	NEG. D fd,fs	$fd\leftarrow -fs$
单精度求平方根(SQRT. S)	SQRT. S fd,fs	$fd\leftarrow SQRT(fs)$
双精度求平方根(SQRT. D)	SQRT. D fd,fs	

12. 浮点分支指令(表 A. 12)

表 A. 12   浮点分支指令

名　　称	格　　式	描　　述
浮点条件码为假转移(BC1F)	BC1F cc,offset	if FPConditionCode(cc)=0 then 转移
浮点条件码为真转移(BC1T)	BC1T cc,offset	if FPConditionCode(cc)=1 then 转移

13. 浮点比较指令(表 A. 13)

表 A. 13   浮点比较指令

名　　称	格　　式	描　　述
单精度浮点比较并设置条件码(C. cond. S)	C. cond. S fs,ft	cond∈(LT,GT,LE,GE,EQ,NE),按 cond 的关系对 fs 和 ft 进行比较,如果关系成立,则置浮点条件码 cc 为 1,否则置为 0
双精度浮点比较并设置条件码(C. cond. D)	C. cond. D fs,ft	按双精度比较,其余同 C. cond. S

14. 浮点转换指令(表 A. 14)

表 A. 14　浮点转换指令

名　　　称	格　　式	描　　述
单精度浮点数转换成双精度(CVT. D. S)	CVT. D. S fd,fs	CVT. x. y 把 fs 中的 y 类型的数据转换成 x 类型,并送给 fd。x,y∈(L(64 位整数),W(32 位整数),D(双精度),S(单精度))
32 位整数转换成双精度浮点数(CVT. D. W)	CVT. D. W fd,fs	
64 位整数转换成双精度浮点数(CVT. D. L)	CVT. D. L fd,fs	
32 位整数转换成单精度浮点数(CVT. S. W)	CVT. S. W fd,fs	
64 位整数转换成单精度浮点数(CVT. S. L)	CVT. S. L fd,fs	
双精度浮点数转换成单精度(CVT. S. D)	CVT. S. D fd,fs	
单精度浮点数转换成 32 位整数(CVT. W. S)	CVT. W. S fd,fs	
双精度浮点数转换成 32 位整数(CVT. W. D)	CVT. W. D fd,fs	
单精度浮点数转换成 64 位整数(CVT. L. S)	CVT. L. S fd,fs	
双精度浮点数转换成 64 位整数(CVT. L. D)	CVT. L. D fd,fs	
单精度转换并截断成单字整数(TRUNC. L. S)	TRUNC. L. S fd,fs	fd←fs 转换并截断
双精度转换并截断成单字整数(TRUNC. L. D)	TRUNC. L. D fd,fs	
单精度转换并截断成双字整数(TRUNC. W. S)	TRUNC. W. S fd,fs	
双精度转换并截断成双字整数(TRUNC. W. D)	TRUNC. W. D fd,fs	

附录 B   MIPSsim 的指令系统

MIPSsim 是一个指令级和流水线级的 MIPS 模拟器,它能够执行用 MIPS 汇编语言(子集)编写的程序,下面详细描述它所能够执行的 MIPSsim 的指令系统(MIPS64 指令集的一个子集)。

符号说明:

(1) 在指令助记符中,". W"表示 32 位整数,". L"表示 64 位整数,". S"表示单精度浮点数,". D"表示双精度浮点数,". fmt"表示多种格式的数据,fmt∈(S,D,W,L)。

(2) 助记符的最后一个字母为 U 表示无符号操作,I 表示与立即值操作,IU 表示无符号立即值操作。助记符的第一个字母为 D 表示是双字(64 位)操作。

(3) 简洁起见,直接用 rs 表示 rs 寄存器中的内容,其他的如 rt、rd、fs、ft、fd 等都是如此。

(4) fs、ft、fd 表示浮点寄存器。一般来说,fs 和 ft 表示源操作数(寄存器),fd 表示结果寄存器。

(5) rs、rt、rd 表示整数寄存器,也称为通用寄存器。一般来说,rs 和 rt 表示源操作数(寄存器),rd 表示目的寄存器。

(6) 以下是两个特殊寄存器:

LO——特殊寄存器,常用来存放乘积的低 32 位(或 64 位)以及除法的商;

HI——特殊寄存器,常用来存放乘积的高 32 位(或 64 位)以及除法的余数。

1. ABS. fmt

名称:求绝对值

指令格式:

31 26	25 21	20 16	15 11	10 6	5 0
COP1 010001	fmt	0 00000	fs	fd	ABS 000101
6	5	5	5	5	6

符号指令:

```
ABS.S fd,fs
ABS.D fd,fs
```

指令助记符中的 fmt 指出按什么数据格式进行运算。S 表示单精度,D 表示双精度,下同。

功能说明：

fd←abs(fs)

对浮点寄存器 fs 中的数据求绝对值，结果放入 fd。

2. ADD

名称：整数加
指令格式：

31 26	25 21	20 16	15 11	10 6	5 0
SPECIAL 000000	rs	rt	rd	0 00000	ADD 100000
6	5	5	5	5	6

符号指令：

ADD rd,rs,rt

功能说明：

rd←rs + rt

对通用寄存器 rs 和 rt 中的 32 位整数进行加法运算，结果按符号位扩展后放入通用寄存器 rd，按有符号数操作。

3. ADD. fmt

名称：浮点加
指令格式：

31 26	25 21	20 16	15 11	10 6	5 0
COP1 010001	fmt	ft	fs	fd	ADD 000000
6	5	5	5	5	6

符号指令：

ADD.S fd,fs,ft
ADD.D fd,fs,ft

功能说明：

fd←fs + ft

对浮点寄存器 fs 和 ft 中的浮点数进行加法运算，结果放入浮点寄存器 fd。

4. ADDI

名称：立即值加

指令格式：

31 26	25 21	20 16	15 0
ADDI 001000	rs	rt	immediate
6	5	5	16

符号指令：

ADDI rt,rs,immediate

功能说明：

rt←rs + immediate

把带符号的 16 位立即值 immediate 与 rs 中的 32 位整数相加,结果进行符号位扩展后放入 rt,按有符号数操作。

5. ADDIU

名称：无符号立即值加

指令格式：

31 26	25 21	20 16	15 0
ADDIU 001001	rs	rt	immediate
6	5	5	16

符号指令：

ADDIU rt,rs,immediate

功能说明：

rt←rs + immediate

把带符号的 16 位立即值 immediate 与 rs 中的 32 位整数相加,结果进行符号位扩展后放入 rt,按无符号数操作。

6. ADDU

名称：无符号加

指令格式：

31 26	25 21	20 16	15 11	10 6	5 0
SPECIAL 000000	rs	rt	rd	0 00000	ADDU 100001
6	5	5	5	5	6

符号指令：

ADDU rd,rs,rt

功能说明：

rd←rs + rt

把 rt 和 rs 中的 32 位整数按无符号数进行相加,结果进行符号位扩展后放入 rd。

7. AND

名称：与

指令格式：

31 26	25 21	20 16	15 11	10 6	5 0
SPECIAL 000000	rs	rt	rd	0 00000	AND 100100
6	5	5	5	5	6

符号指令：

AND rd,rs,rt

功能说明：

rd←rs AND rt

把 rt 和 rs 中的数据按位进行逻辑"与"操作,结果放入 rd。

8. ANDI

名称：立即值与

指令格式：

31 26	25 21	20 16	15 0
ANDI 001100	rs	rt	immediate
6	5	5	16

符号指令：

ANDI rt,rs,immediate

功能说明：

rt←rs AND immediate

把 16 位立即值 immediate 进行 0 扩展后,和 rs 中的数据按位进行逻辑"与"操作,结果放入 rt。

9. B

名称：无条件转移
指令格式：

31　　　　26	25　　　　21	20　　　　16	15　　　　　　　　　　　0
BEQ 000100	0 00000	0 00000	offset
6	5	5	16

符号指令：

B offset

功能说明：

用指令实现: BEQ r0,r0,offset

10. BC1F

名称：浮点条件码为假则转移
指令格式：

31　　26	25　　21	20　　18	17　16	16　15	15　　　　　0
COP1 010001	BC 01000	cc	nd 0	tf 1	offset
6	5	3	1	1	16

符号指令：

BC1F offset (隐含 cc = 0)
BC1F cc,offset

功能说明：

if FPConditionCode(cc) = 0 then 转移

转移地址：将 16 位的 offset 左移 2 位并进行符号位扩展后，与 PC（其当前值是指向本转移指令的下一条指令，下同）相加。

11．BC1T

名称：浮点条件码为真则转移

指令格式：

31　　　　26	25　　　　21	20　　　　18	17	16　15	0
COP1 010001	BC 01000	cc	nd 0	tf 1	offset
6	5	3	1	1	16

符号指令：

BC1T offset (cc = 0 implied)
BC1T cc,offset

功能说明：

if FPConditionCode(cc) = 1 then 转移

转移地址：将 16 位的 offset 左移 2 位并进行符号位扩展后，与 PC 相加。

12．BEQ

名称：相等转移

指令格式：

31　　　　26	25　　　21	20　　　16	15　　　　　　　　　　0
BEQ 000100	rs	rt	offset
6	5	5	16

符号指令：

BEQ rs,rt,offset

功能说明：

if (rs = rt) then 转移

转移地址：将 16 位的 offset 左移 2 位并进行符号位扩展后，与 PC 相加。

13．BGEZ

名称：大于等于 0 转移

指令格式:

31　　　　26	25　　　　21	20　　　　16	15　　　　　　　　　　　　0
REGIMM 000001	rs	BGEZ 00001	offset
6	5	5	16

符号指令:

BGEZ rs,offset

功能说明:

if(rs >= 0) then 转移

转移地址:将 16 位的 offset 左移 2 位并进行符号位扩展后,与 PC 相加。

14. BGEZAL

名称: 大于等于 0 转移并链接
指令格式:

31　　　　26	25　　　　21	20　　　　16	15　　　　　　　　　　　　0
REGIMM 000001	rs	BGEZAL 10001	offset
6	5	5	16

符号指令:

BGEZAL rs,offset

功能说明:

If (rs>=0) then 转移,并将返回地址(当前的 PC 值,指向本转移指令后面第二条指令的地址(PC+8),下同)保存到 R31。

转移地址:将 16 位的 offset 左移 2 位并进行符号位扩展后,与 PC 相加。

15. BGTZ

名称: 大于 0 转移
指令格式:

31　　　　26	25　　　　21	20　　　　16	15　　　　　　　　　　　　0
BGTZ 000111	rs	0 00000	offset
6	5	5	16

符号指令：

BGTZ rs,offset

功能说明：

if(rs > 0) then 转移

转移地址：将 16 位的 offset 左移 2 位并进行符号位扩展后，与 PC 相加。

16. BLEZ

名称：小于等于 0 转移
指令格式：

31　　　26	25　　　21	20　　　16	15　　　　　　　　　　0
BLEZ 000110	rs	0 00000	offset
6	5	5	16

符号指令：

BLEZ rs,offset

功能说明：

if(rs <= 0) then 转移

转移地址：将 16 位的 offset 左移 2 位并进行符号位扩展后，与 PC 相加。

17. BLTZ

名称：小于 0 转移
指令格式：

31　　　26	25　　　21	20　　　16	15　　　　　　　　　　0
REGIMM 000001	rs	BLTZ 00000	offset
6	5	5	16

符号指令：

BLTZ rs,offset

功能说明：

if(rs < 0) then 转移

转移地址：将 16 位的 offset 左移 2 位并进行符号位扩展后，与 PC 相加。

18. BLTZAL

名称：小于 0 转移并链接

指令格式：

31 26	25 21	20 16	15 0
REGIMM 000001	rs	BLTZAL 10000	offset
6	5	5	16

符号指令：

BLTZAL rs,offset

功能说明：

If（rs＜0）then 转移，并将返回地址后面第二条指令的地址（PC＋8）保存到 R31。

转移地址：将 16 位的 offset 左移 2 位并进行符号位扩展后，与 PC 相加。

19. BNE

名称：不相等转移

指令格式：

31 26	25 21	20 16	15 0
BNE 000101	rs	rt	offset
6	5	5	16

符号指令：

BNE rs,rt,offset

功能说明：

if(rs!= rt) then 转移

转移地址：将 16 位的 offset 左移 2 位并进行符号位扩展后，与 PC 相加。

20. BREAK

名称：设置断点

指令格式：

31 26	25 6	5 0
SPECIAL 000000	code	BREAK 001101
6	20	6

符号指令：

BREAK

21.　C. cond. fmt

名称：浮点数比较并设置浮点部件条件码
指令格式：

31　　　26	25　　　21	20　　　16	15　　　11	10　　　8	7	6	5　4　3	0
COP1 010001	fmt	ft	fs	cc	0	A 0	FC 11	cond
6	5	5	5	3	1	1	2	4

符号指令：

C cond. S fs, ft (隐含 cc = 0)
C cond. D fs, ft (隐含 cc = 0)
C cond. S cc, fs, ft
C cond. D cc, fs, ft

功能说明：

cond∈ (LT, GT, LE, GE, EQ, NE), (SF, NGLE, SEQ, NGL, LT, NGE, LE, NGT)

按 cond 的关系比较 fs 和 ft，如果关系成立，则置浮点条件码 FPConditionCode(cc)
为 1，否则置为 0。

22.　CFC1

名称：浮点控制寄存器的内容传送至整数寄存器
指令格式：

31　　　26	25　　　21	20　　　16	15　　　11	10　　　　　　　　　　0
COP1 010001	CF 00010	rt	fs	0 000 0000 0000
6	5	5	5	11

符号指令：

CFC1 rt, fs

功能说明：

if fs = 0 then
    temp←FIR
elseif fs = 25 then
    temp←0 24 || FCSR 31..25 || FCSR 23
elseif fs = 26 then

```
    temp←0 14 || FCSR 17..12 || 0 5 || FCSR 6..2 || 0 2
elseif fs = 28 then
    temp←0 20 || FCSR 11.7 || 0 4 || FCSR 24 || FCSR 1..0
elseif fs = 31 then
    temp←FCSR
else
    temp←UNPREDICTABLE
endif
    GPR[rt]←sign_extend(temp)
```

下同。

23. CTC1

名称：整数寄存器的内容传送至浮点控制寄存器

指令格式：

31 26	25 21	20 16	15 11	10 0
COP1 010001	CT 00110	rt	fs	0 000 0000 0000
6	5	5	5	11

符号指令：

```
CTC1 rt,fs
```

功能说明：

将 rt 送给由 fs 指定的 FCSR 中。

24. CVT. D. fmt

名称：转换成双精度浮点数

指令格式：

31 26	25 21	20 16	15 11	10 6	5 0
COP1 010001	fmt	0 00000	fs	fd	CVT. D 100001
6	5	5	5	5	6

符号指令：

```
CVT.D.S fd,fs
CVT.D.W fd,fs
CVT.D.L fd,fs
```

功能说明：

把 fs 中的数据转换成双精度浮点数,送给 fd。fs 中的数据可以是 32 位整数(用 W

表示)、64 位整数(用 L 表示)或单精度浮点数(用 S 表示)。

25. CVT. L. fmt

名称：浮点数转换成 64 位整数。

指令格式：

31 26	25 21	20 16	15 11	10 6	5 0
COP1 010001	fmt	0 00000	fs	fd	CVT. L 100101
6	5	5	5	5	6

符号指令：

```
CVT. L. S fd,fs
CVT. L. D fd,fs
```

功能说明：

把 fs 中的浮点数转换成 64 位整数,送给 fd。fs 中的数据可以是单精度浮点数(用 S 表示),也可以是双精度浮点数(用 D 表示)。

26. CVT. S. fmt

名称：转换成单精度浮点数

指令格式：

31 26	25 21	20 16	15 11	10 6	5 0
COP1 010001	fmt	0 00000	fs	fd	CVT. S 100000
6	5	5	5	5	6

符号指令：

```
CVT. S. D fd,fs
CVT. S. W fd,fs
CVT. S. L fd,fs
```

功能说明：

把 fs 中的数据转换成单精度浮点数,送给 fd。fs 中的数据可以是 32 位整数(用 W 表示)、64 位整数(用 L 表示)或双精度浮点数(用 D 表示)。

27. CVT. W. fmt

名称：浮点数转换成 32 位整数

指令格式：

31　　　26	25　　　21	20　　　16	15　　　11	10　　　6	5　　　　0
COP1 010001	fmt	0 00000	fs	fd	CVT. W 100100
6	5	5	5	5	6

符号指令：

CVT.W.S fd,fs
CVT.W.D fd,fs

功能说明：

把 fs 中的浮点数转换成 32 位整数,送给 fd。fs 中的数据可以是单精度浮点数(用 S 表示),也可以是双精度浮点数(用 D 表示)。

28. DADD

名称：双字寄存器加
指令格式：

31　　　26	25　　　21	20　　　16	15　　　11	10　　　6	5　　　　0
SPECIAL 000000	rs	rt	rd	0 00000	DADD 101100
6	5	5	5	5	6

符号指令：

DADD rd,rs,rt

功能说明：

rd←rs + rt

对 rs 和 rt 中的 64 位整数进行加法运算,结果放入 rd,按有符号数操作。

29. DADDI

名称：双字立即值加
指令格式：

31　　　26	25　　　21	20　　　16	15　　　　　　　　　　　0
DADDI 011000	rs	rt	immediate
6	5	5	16

符号指令：

DADDI rt,rs,immediate

功能说明：

rt←rs + immediate

把带符号的 16 位立即值 immediate 与 rs 中的 64 位整数相加，结果放入 rt，按有符号数操作。

30. DADDIU

名称：双字无符号立即值加
指令格式：

31　　　　26	25　　　　21	20　　　　16	15　　　　　　　　　　　　　　　0
DADDIU 011001	rs	rt	immediate
6	5	5	16

符号指令：

DADDIU rt,rs,immediate

功能说明：

rt←rs + immediate

把带符号的 16 位立即值 immediate 与 rs 中的 64 位整数相加，结果放入 rt，按无符号数操作。

31. DADDU

名称：双字无符号加
指令格式：

31　　　26	25　　　21	20　　　16	15　　　11	10　　　6	5　　　0
SPECIAL 000000	rs	rt	rd	0 00000	DADDU 101101
6	5	5	5	5	6

符号指令：

DADDU rd,rs,rt

功能说明：

rd←rs + rt

对 rs 和 rt 中的 64 位的整数进行加法运算,结果放入 rd,按无符号数操作。

32. DDIV

名称:双字寄存器除

指令格式:

31 26	25 21	20 16	15 6	5 0
SPECIAL 000000	rs	rt	0 00 0000 0000	DDIV 011110
6	5	5	10	6

符号指令:

DDIV rs,rt

功能说明:

(LO,HI)←rs/rt

两个 64 位整数相除,64 位商送特殊寄存器 LO,64 位余数送特殊寄存器 HI,按有符号数操作。

33. DDIVU

名称:双字无符号除

指令格式:

31 26	25 21	20 16	15 6	5 0
SPECIAL 000000	rs	rt	0 00 0000 0000	DDIVU 011111
6	5	5	10	6

符号指令:

DDIVU rs,rt

功能说明:

(LO,HI)←rs/rt

两个 64 位整数相除,64 位商送 LO,64 位余数送 HI,按无符号数操作。

34. DIV

名称:32 位寄存器除

指令格式：

31 26	25 21	20 16	15 6	5 0
SPECIAL 000000	rs	rt	0 00 0000 0000	DIV 011010
6	5	5	10	6

符号指令：

```
DIV rs,rt
```

功能说明：

```
(LO,HI)←rs/rt
```

两个 32 位整数相除,得到的 32 位商按符号位扩展后送 LO,32 位余数按符号位扩展后送 HI,按有符号数操作。

35．DIV. fmt

名称：浮点除
指令格式：

31 26	25 21	20 16	15 11	10 6	5 0
COP1 010001	fmt	ft	fs	fd	DIV 000011
6	5	5	5	5	6

符号指令：

```
DIV.S fd,fs,ft
DIV.D fd,fs,ft
```

功能说明：

```
fd←fs/ft
```

把两个浮点寄存器 fs 和 ft 中的浮点数进行除法运算,结果放入 fd。如果两个操作数是单(双)精度的,则结果也是单(双)精度的,指令中分别用后缀. S(或. D)来表示。

36．DIVU

名称：无符号寄存器除

指令格式：

SPECIAL 000000	rs	rt	0 00 0000 0000	DIVU 011011
6	5	5	10	6

(31　26 25　21 20　16 15　6 5　0)

符号指令：

DIVU rs,rt

功能说明：

(LO,HI)←rs/rt

两个 32 位整数相除，32 位商按符号位扩展后送 LO，32 位余数按符号位扩展后送 HI，按无符号数操作。

37. DMFC1

名称： 从浮点寄存器传送双字到整数寄存器
指令格式：

COP1 010001	DMF 00001	rt	fs	0 000 0000 0000
6	5	5	5	11

(31　26 25　21 20　16 15　11 10　0)

符号指令：

DMFC1 rt,fs

功能说明：

rt←fs

38. DMTC1

名称： 从整数寄存器传送双字到浮点寄存器
指令格式：

COP1 010001	DMT 00101	rt	fs	0 000 0000 0000
6	5	5	5	11

(31　26 25　21 20　16 15　11 10　0)

符号指令:

DMTC1 rt,fs

功能说明:

fs←rt

39. DMULT

名称: 双字寄存器乘

指令格式:

31 26	25 21	20 16	15 6	5 0
SPECIAL 000000	rs	rt	0 00 0000 0000	DMULT 011100
6	5	5	10	6

符号指令:

DMULT rs,rt

功能说明:

(LO,HI)←rs×rt

两个 64 位整数相乘,产生 128 位的积。其低 64 位送 LO,高 64 位送 HI,按有符号数操作。

40. DMULTU

名称: 双字无符号乘

指令格式:

31 26	25 21	20 16	15 6	5 0
SPECIAL 000000	rs	rt	0 00 0000 0000	DMULTU 011101
6	5	5	10	6

符号指令:

DMULTU rs,rt

功能说明:

(LO,HI)←rs×rt

两个 64 位整数相乘,产生 128 位的积。其低 64 位送 LO,高 64 位送 HI,按无符号数操作。

41. DROTR

名称:双字循环右移

指令格式:

31 26	25 22	21 20	16 15	11 10	6 5	0
SPECIAL 000000	0000	R 1	rt	rd	sa	DSRL 111010
6	4	1	5	5	5	6

符号指令:

DROTR rd,rt,sa

功能说明:

rd←rt 中的双字循环右移;

移动的位数由 sa 给出(0~31)。

42. DROTRV

名称:双字按变量循环右移

指令格式:

31 26	25 21	20 16	15 11	10 7	6 5	0
SPECIAL 000000	rs	rt	rd	0000	R 1	DSRLV 010110
6	5	5	5	4	1	6

符号指令:

DROTRV rd,rt,rs

功能说明:

rd←rt 中的双字循环右移;

移动的位数由寄存器 rs 的最低 6 位给出(0~63)。

43. DSLL

名称:双字逻辑左移

指令格式：

SPECIAL 000000	0 00000	rt	rd	sa	DSLL 111000
6	5	5	5	5	6

（31　26　25　21　20　16　15　11　10　6　5　0）

符号指令：

DSLL rd,rt,sa

功能说明：

rd←rt 中的双字逻辑左移；

移动的位数由 sa 给出（0～31）。

44．DSLLV

名称：双字按变量逻辑左移

指令格式：

SPECIAL 000000	rs	rt	rd	0 00000	DSLLV 010100
6	5	5	5	5	6

（31　26　25　21　20　16　15　11　10　6　5　0）

符号指令：

DSLLV rd,rt,rs

功能说明：

rd←rt 中的双字逻辑左移；

移动的位数由寄存器 rs 的最低 6 位给出（0～63）。

45．DSRA

名称：双字算术右移

指令格式：

SPECIAL 000000	0 00000	rt	rd	sa	DSRA 111011
6	5	5	5	5	6

（31　26　25　21　20　16　15　11　10　6　5　0）

符号指令：

DSRA rd,rt,sa

功能说明：

rd←rt 中的双字算术右移；

移动的位数由 sa 给出(0～31)。

46. DSRAV

名称：双字按变量算术右移
指令格式：

31　　　26	25　　　21	20　　　16	15　　　11	10　　　6	5　　　0
SPECIAL 000000	rs	rt	rd	0 00000	DSRAV 010111
6	5	5	5	5	6

符号指令：

DSRAV rd,rt,rs

功能说明：

rd←rt 中的双字算术右移；

移动的位数由寄存器 rs 的最低 6 位给出(0～63)。

47. DSRL

名称：双字逻辑右移
指令格式：

31　　26	25　　22	21	20　　16	15　　11	10　　6	5　　0
SPECIAL 000000	0000	R 0	rt	rd	sa	DSRL 111010
6	4	1	5	5	5	6

符号指令：

DSRL rd,rt,sa

功能说明：

rd←rt 中的双字逻辑右移；

移动的位数由 sa 给出(0～31)。

48. DSRLV

名称：双字按变量逻辑右移

指令格式：

31 26	25 21	20 16	15 11	10 7	6 5	5 0
SPECIAL 000000	rs	rt	rd	0000	R 1	DSRLV 010110
6	5	5	5	4	1	6

符号指令：

DSRLV rd,rt,rs

功能说明：

rd←rt 中的双字逻辑右移；

移动的位数由寄存器 rs 的最低 6 位给出（0～63）。

49. DSUB

名称：双字寄存器减

指令格式：

31 26	25 21	20 16	15 11	10 6	5 0
SPECIAL 000000	rs	rt	rd	0 00000	DSUB 101110
6	5	5	5	5	6

符号指令：

DSUB rd,rs,rt

功能说明：

rd←rs－rt

整数寄存器 rs 和 rt 中的两个 64 位整数进行减法运算,结果送入 rd,按有符号数操作。

50. DSUBU

名称：双字无符号减

指令格式：

31 26	25 21	20 16	15 11	10 6	5 0
SPECIAL 000000	rs	rt	rd	0 00000	DSUBU 101111
6	5	5	5	5	6

符号指令：

DSUBU rd,rs,rt

功能说明：

rd←rs－rt

整数寄存器 rs 和 rt 中的两个 64 位整数进行减法运算,结果送入 rd,按无符号数操作。

51. J

名称：跳转
指令格式：

31 26	25 0
J 000010	instr_index
6	26

符号指令：

J target

功能说明：

无条件转移到目标地址 target。

target 的确定方法：把 26 位 instr_index 左移 2 位后,代替当前 PC(指向本转移指令的下一条指令)的低 28 位($PC_{27..0}$)。

52. JAL

名称：跳转并链接
指令格式：

31 26	25 0
JAL 000011	instr_index
6	26

符号指令：

JAL target

功能说明：

无条件转移到目标地址 target,并将返回地址保存到 R31。

target 的确定方法：把 26 位 instr_index 左移 2 位后,代替当前 PC(指向本转移指令的下一条指令)的低 28 位($PC_{27..0}$)。

53. JALR

名称：寄存器跳转并链接

指令格式：

31　　　　26	25　　　　21	20　　　　16	15　　　11	10　　　6	5　　　　0
SPECIAL 000000	rs	0 00000	rd	hint	JALR 001001
6	5	5	5	5	6

符号指令：

JALR rs (默认：rd = 31)
JALR rd, rs

功能说明：

无条件转移到寄存器 rs 给出的地址,并将返回地址保存到 rd。

54. JR

名称：寄存器跳转

指令格式：

31　　　26	25　　　21	20　　　　　　　　11	10　　　6	5　　　　0
SPECIAL 000000	rs	0 00 0000 0000	hint	JR 001000
6	5	10	5	6

符号指令：

JR rs

功能说明：

无条件转移,转移目标地址由 rs 给出。

55. LB

名称：取有符号字节

指令格式：

31　　　26	25　　　21	20　　　16	15　　　　　　　　0
LB 100000	base	rt	offset
6	5	5	16

符号指令:

```
LB rt,offset(base)
```

功能说明:

rt←memory[base + offset]

从存储器读出一字节的数据,按符号位扩展后,送入 rt。

访存地址:寄存器 base 的内容＋经有符号 32 位扩展后的偏移量 offset。

56. LBU

名称: 取无符号字节
指令格式:

31　　　26	25　　　21	20　　　16	15　　　　　　　　　　0
LBU 100100	base	rt	offset
6	5	5	16

符号指令:

```
LBU rt,offset(base)
```

功能说明:

rt←memory[base + offset]

从存储器读出一字节的数据,按 0 扩展后,送入 rt。

访存地址:寄存器 base 的内容＋经有符号 32 位扩展后的偏移量 offset。

57. LD

名称: 取双字
指令格式:

31　　26	25　　　21	20　　　16	15　　　　　　　　　　0
LD 110111	base	rt	offset
6	5	5	16

符号指令:

```
LD rt,offset(base)
```

功能说明：

rt←memory[base+offset]

从存储器读出一个 64 位的数据，送入 rt。

访存地址：寄存器 base 的内容＋经有符号 32 位扩展后的偏移量 offset。

58.LDC1

名称： 取双字到浮点寄存器

指令格式：

31　　　　26	25　　　　21	20　　　　16	15　　　　　　　　　　　　　0
LDC1 110101	base	ft	offset
6	5	5	16

符号指令：

LDC1 ft,offset(base)

功能说明：

ft←memory[base+offset]

从存储器读出一个 64 位数据，送入 ft。

访存地址：寄存器 base 的内容＋经有符号 32 位扩展后的偏移量 offset。

59.LDXC1

名称： 变址取双字到浮点寄存器

指令格式：

31　　26	25　　　21	20　　　16	15　　　11	10　　　6	5　　　　0
COP1X 010011	base	index	0 00000	fd	LDXC1 000001
6	5	5	5	5	6

符号指令：

LDXC1 fd,index(base)

功能说明：

fd←memory[base+index]

从存储器读出一个 64 位数据，送入 fd。

访存地址：寄存器 base 的内容＋变址寄存器 index 的内容。

60. LH

名称：取半字

指令格式：

31　　　　26	25　　　　21	20　　　16	15　　　　　　　　　　0
LH 100001	base	rt	offset
6	5	5	16

符号指令：

LH rt,offset(base)

功能说明：

rt←memory[base + offset]

从存储器读出一个 16 位数据,按符号位扩展后,送入 rt。

访存地址：寄存器 base 的内容＋经有符号 32 位扩展后的偏移量 offset。

61. LHU

名称：取无符号半字

指令格式：

31　　　　26	25　　　　21	20　　　16	15　　　　　　　　　　0
LHU 100101	base	rt	offset
6	5	5	16

符号指令：

LHU rt,offset(base)

功能说明：

rt←memory[base + offset]

从存储器读出一个 16 位数据,按 0 扩展后,送入 rt。

访存地址：寄存器 base 的内容＋经有符号 32 位扩展后的偏移量 offset。

62. LUI

名称：取立即值高位

指令格式：

31　　26	25　　21	20　　16	15　　　　　　0
LUI 001111	0 00000	rt	immediate
6	5	5	16

符号指令：

LUI rt,immediate

功能说明：

16 位 immediate 低位拼接 16 位 0,按符号位扩展后,送入 rt。

63. LW

名称：取字
指令格式：

31　　26	25　　21	20　　16	15　　　　　　0
LW 100011	base	rt	offset
6	5	5	16

符号指令：

LW rt,offset(base)

功能说明：

rt←memory[base + offset]

从存储器读出一个 32 位数据,按符号位扩展后,送入 rt。
访存地址：寄存器 base 的内容＋经有符号 32 位扩展后的偏移量 offset。

64. LWC1

名称：取字到浮点寄存器
指令格式：

31　　26	25　　21	20　　16	15　　　　　　0
LWC1 110001	base	rt	offset
6	5	5	16

符号指令:

LWC1 ft,offset(base)

功能说明:

ft←memory[base + offset]

从存储器读出一个 32 位数据,送入 ft 的低 32 位。

访存地址:寄存器 base 的内容＋经有符号 32 位扩展后的偏移量 offset。

65. LWU

名称: 取无符号字
指令格式:

31　　　　　26	25　　　　21	20　　　　16	15　　　　　　　　　　　　0
LWU 100111	base	rt	offset
6	5	5	16

符号指令:

LWU rt,offset(base)

功能说明:

rt←memory[base + offset]

从存储器读出一个 32 位数据,按 0 扩展后,送入 rt。

访存地址:寄存器 base 的内容＋经有符号 32 位扩展后的偏移量 offset。

66. LWXC1

名称: 变址取单字到浮点寄存器
指令格式:

31　　　26	25　　　21	20　　　16	15　　　11	10　　　6	5　　　0
COP1X 010011	base	index	0 00000	fd	LWXC1 000000
6	5	5	5	5	6

符号指令:

LWXC1 fd,index(base)

功能说明:

fd←memory[base + index]

从存储器读出一个 32 位数据,送入 fd 的低 32 位。

访存地址：寄存器 base 的内容＋变址寄存器 index 的内容。

67. MFC1

名称：从浮点寄存器传送 32 位至整数寄存器

指令格式：

31 26	25 21	20 16	15 11	10 0
COP1 010001	MF 00000	rt	fs	0 000 0000 0000
6	5	5	5	11

符号指令：

```
MFC1 rt,fs
```

功能说明：

rt←fs 的低 32 位按符号位扩展后

68. MFHI

名称：从 HI 传送至整数寄存器

指令格式：

31 26	25 16	15 11	10 6	5 0
SPECIAL 000000	0 00 0000 0000	rd	0 00000	MFHI 010000
6	10	5	5	6

符号指令：

```
MFHI rd
```

功能说明：

rd←HI

把特殊寄存器 HI 的内容送入 rd。

69. MFLO

名称：从 LO 传送至整数寄存器

指令格式：

31 26	25 16	15 11	10 6	5 0
SPECIAL 000000	0 00 0000 0000	rd	0 00000	MFLO 010010
6	10	5	5	6

符号指令：

MFLO rd

功能说明：

rd←LO

把特殊寄存器 LO 的内容送入 rd。

70. MOV. fmt

名称： 浮点传送

指令格式：

31 26	25 21	20 16	15 11	10 6	5 0
COP1 010001	fmt	0 00000	fs	fd	MOV 000110
6	5	5	5	5	6

符号指令：

MOV. S fd, fs
MOV. D fd, fs

功能说明：

fd←fs

把浮点寄存器 fs 中的数据传送到浮点寄存器 fd。MOV. S 用于单精度，MOV. D 用于双精度。

71. MOVF

名称： 浮点条件码为假时整数传送

指令格式：

31 26	25 21	20 18	17	16	15 11	10 6	5 0
SPECIAL 000000	rs	cc	0 0	tf 0	rd	0 00000	MOVCI 000001
6	5	3	1	1	5	5	6

符号指令：

```
MOVF rd,rs,cc
```

功能说明：

```
if FPConditionCode(cc) = 0 then rd←rs
```

当浮点条件码 cc 为假时，将 rs 中的整数传送到 rd。

72. MOVF. fmt

名称：*浮点条件码为假时浮点传送*
指令格式：

31　　　26	25　　　21	20　　　18	17	16	15　　11	10　　6	5　　　　0
COP1 010001	fmt	cc	0 0	tf 0	fs	fd	MOVCF 010001
6	5	3	1	1	5	5	6

符号指令：

```
MOVF.S fd,fs,cc
MOVF.D fd,fs,cc
```

功能说明：

```
if FPConditionCode(cc) = 0 then fd←fs
```

当浮点条件码 cc 为假时，将 fs 中的浮点数传送到 fd。指令名后缀".S"和".D"分别表示单精度和双精度。

73. MOVN

名称：*不等于 0 传送*
指令格式：

31　　　26	25　　　21	20　　　16	15　　　11	10　　　6	5　　　　0
SPECIAL 000000	rs	rt	rd	0 00000	MOVN 001011
6	5	5	5	5	6

符号指令：

```
MOVN rd,rs,rt
```

功能说明：

```
If(rt!= 0) then rd←rs
```

当通用寄存器 rt 中的整数不为 0 时,把 rs 中的整数传送到 rd。

74. MOVN. fmt

名称:不等于 0 浮点传送

指令格式:

COP1 010001	fmt	rt	fs	fd	MOVN 010011
6	5	5	5	5	6

（31 26 25 21 20 16 15 11 10 6 5 0）

符号指令:

MOVN. S fd,fs,rt
MOVN. D fd,fs,rt

功能说明:

If(rt!= 0) then fd←fs

当通用寄存器 rt 中的整数不为 0 时,把 fs 中的浮点数传送到 fd。

75. MOVT

名称:浮点条件码为真时整数传送

指令格式:

SPECIAL 000000	rs	cc	0 0	tf 1	rd	0 00000	MOVCI 000001
6	5	3	1	1	5	5	6

（31 26 25 21 20 18 17 16 15 11 10 6 5 0）

符号指令:

MOVT rd,rs,cc

功能说明:

if FPConditionCode(cc) = 1 then rd←rs

当浮点条件码 cc 为真时,将 rs 中的整数传送到 rd。

76. MOVT. fmt

名称:浮点条件码为真时浮点传送

指令格式：

31 26	25 21	20 18	17	16	15 11	10 6	5 0
COP1 010001	fmt	cc	0 0	tf 1	fs	fd	MOVCF 010001
6	5	3	1	1	5	5	6

符号指令：

```
MOVT.S fd,fs,cc
MOVT.D fd,fs,cc
```

功能说明：

```
if FPConditionCode(cc) = 1 then fd←fs
```

当浮点条件码 cc 为真时，将 fs 中的浮点数传送到 fd。指令名后缀".S"和".D"分别表示单精度和双精度。

77. MOVZ

名称：等于 0 传送
指令格式：

31 26	25 21	20 16	15 11	10 6	5 0
SPECIAL 000000	rs	rt	rd	0 00000	MOVZ 001010
6	5	5	5	5	6

符号指令：

```
MOVZ rd,rs,rt
```

功能说明：

```
If(rt = 0)then rd←rs
```

当通用寄存器 rt 中的整数为 0 时，把 rs 中的整数传送到 rd。

78. MOVZ.fmt

名称：等于 0 浮点传送
指令格式：

31 26	25 21	20 16	15 11	10 6	5 0
COP1 010001	fmt	rt	fs	fd	MOVZ 010010
6	5	5	5	5	6

符号指令:

```
MOVZ.S fd,fs,rt
MOVZ.D fd,fs,rt
```

功能说明:

```
If(rt = 0) then fd←fs
```

当通用寄存器 rt 中的整数为 0 时,将 fs 中的浮点数传送到 fd。指令名后缀".S"和".D"分别表示单精度和双精度。

79. MTC1

名称: 从整数寄存器传送 32 位到浮点寄存器
指令格式:

31　　　　26	25　　　　21	20　　　　16	15　　　　11	10　　　　　　　　　0
COP1 010001	MT 00100	rt	fs	0 000 0000 0000
6	5	5	5	11

符号指令:

```
MTC1 rt,fs
```

功能说明:

```
fs 的低 32 位←rt
```

把通用寄存器 rt 中的低 32 位传送到浮点寄存器 fs 的低 32 位。

80. MTHI

名称: 从整数寄存器传送至 HI
指令格式:

31　　　　26	25　　　　21	20　　　　　　　　　　　　　6	5　　　　0
SPECIAL 000000	rs	0 000 0000 0000 0000	MTHI 010001
6	5	15	6

符号指令:

```
MTHI rs
```

功能说明:

```
HI←rs
```

把通用寄存器 rs 中的整数传送到特别寄存器 HI。

81．MTLO

名称：从整数寄存器传送至 LO

指令格式：

31　　　26	25　　　21	20　　　　　　　　　　　　　　　6	5　　　0
SPECIAL 000000	rs	0 000 0000 0000 0000	MILO 010011
6	5	15	6

符号指令：

```
MTLO rs
```

功能说明：

```
LO←rs
```

把通用寄存器 rs 中的整数传送到特别寄存器 LO。

82．MUL

名称：寄存器乘 1

指令格式：

31　　26	25　　21	20　　16	15　　11	10　　　6	5　　0
SPECIAL2 011100	rs	rt	rd	0 00000	MUL 000010
6	5	5	5	5	6

符号指令：

```
MUL rd,rs,rt
```

功能说明：

```
rd←rs×rt
```

通用寄存器 rs 和 rt 中的两个 32 位带符号数相乘,乘积的低 32 位按符号位扩展后送入 rd。

83．MUL.fmt

名称：浮点乘

指令格式：

31 26	25 21	20 16	15 11	10 6	5 0
COP1 010001	fmt	ft	fs	fd	MUL 000010
6	5	5	5	5	6

符号指令：

MUL.S fd,fs,ft
MUL.D fd,fs,ft

功能说明：

fd←fs×ft

浮点寄存器 fs 和 ft 中的浮点数进行乘法运算，结果放入 fd。指令名后缀".S"和".D"分别表示单精度和双精度。

84. MULT

名称：寄存器乘 2
指令格式：

31 26	25 21	20 16	15 6	5 0
SPECIAL 000000	rs	rt	0 00 0000 0000	MULT 011000
6	5	5	10	6

符号指令：

MULT rs,rt

功能说明：

(LO,HI)←rs×rt

rs 和 rt 中的两个 32 位带符号数相乘，乘积的低 32 位按符号位扩展后送入特殊寄存器 LO，高 32 位按符号位扩展后送入特殊寄存器 HI。

85. MULTU

名称：无符号寄存器乘

指令格式：

31 26	25 21	20 16	15 6	5 0
SPECIAL 000000	rs	rt	0 00 0000 0000	MULTU 011001
6	5	5	10	6

符号指令：

MULTU rs,rt

功能说明：

(LO,HI)←rs×rt

通用寄存器 rs 和 rt 中的两个 32 位无符号数(高位再加一位 0)相乘,乘积的低 32 位按符号位扩展后送入特殊寄存器 LO,高 32 位按符号位扩展后送入特殊寄存器 HI。

86. NEG. fmt

名称：浮点数求负

指令格式：

31 26	25 21	20 16	15 11	10 6	5 0
COP1 010001	fmt	0 00000	fs	fd	NEG 000111
6	5	5	5	5	6

符号指令：

NEG.S fd,fs
NEG.D fd,fs

功能说明：

fd←-fs

把浮点寄存器 fs 中的数求负后,送入 fd。

87. NOP

名称：空操作

指令格式：

31 26	25 21	20 16	15 11	10 6	5 0
SPECIAL 000000	0 00000	0 00000	0 00000	0 00000	SLL 000000
6	5	5	5	5	6

符号指令：

NOP

功能说明：

SLL r0,r0,0

空操作。

88. NOR

名称：或非

指令格式：

31 26	25 21	20 16	15 11	10 6	5 0
SPECIAL 000000	rs	rt	rd	0 00000	NOR 100111
6	5	5	5	5	6

符号指令：

NOR rd,rs,rt

功能说明：

rd←rs NOR rt

通用寄存器 rs 和 rt 中的两个 32 位数按位进行逻辑"或非"操作，结果放入 rd。

89. OR

名称：或

指令格式：

31 26	25 21	20 16	15 11	10 6	5 0
SPECIAL 000000	rs	rt	rd	0 00000	OR 100101
6	5	5	5	5	6

符号指令：

OR rd,rs,rt

功能说明：

rd←rs OR rt

通用寄存器 rs 和 rt 中的两个 32 位数按位进行逻辑或操作，结果放入 rd。

90. ORI

名称：立即值或

指令格式：

31　　　26	25　　　　21	20　　　16	15　　　　　　　　　　　　0
ORI 001101	rs	rt	immediate
6	5	5	16

符号指令：

ORI rt,rs,immediate

功能说明：

rt←rs OR immediate

16 位立即值 immediate 按 0 扩展后,和 rs 的内容按位进行逻辑或运算。

91. ROTR

名称：循环右移

指令格式：

31　　26	25　　22	21	20　　　16	15　　11	10　　　6	5　　　0
SPECIAL 000000	0000	R 1	rt	rd	sa	SRL 000010
6	4	1	5	5	5	6

符号指令：

ROTR rd,rt,sa

功能说明：

把 rt 中的低 32 位进行循环右移,按符号位扩展后放入 rd;
移动的位数由 sa 给出。

92. ROTRV

名称：按变量循环右移

指令格式：

31　　　26	25　　　21	20　　　16	15　　　11	10　　　7	6	5　　　0
SPECIAL 000000	rs	rt	rd	0000	R 1	SRLV 000110
6	5	5	5	4	1	6

符号指令：

ROTRV rd,rt,rs

功能说明：

通用寄存器 rt 中的低 32 位进行循环右移,按符号位扩展后放入 rd;
移动的位数由寄存器 rs 的最低 5 位给出。

93. SB

名称：存字节
指令格式：

31 26	25 21	20 16	15 0
SB 101000	base	rt	offset
6	5	5	16

符号指令：

SB rt,offset(base)

功能说明：

memory[base+offset]←rt

将通用寄存器 rt 中数据的低 8 位写入存储器。
访存地址：寄存器 base 的内容＋经有符号 32 位扩展后的偏移量 offset。

94. SD

名称：存双字
指令格式：

31 26	25 21	20 16	15 0
SD 111111	base	rt	offset
6	5	5	16

符号指令：

SD rt,offset(base)

功能说明：

memory[base+offset]←rt

将通用寄存器 rt 中的双字写入存储器。

访存地址：寄存器 base 的内容＋经有符号 32 位扩展后的偏移量 offset。

95. SDC1

名称：存浮点寄存器中的双字

指令格式：

31　　　　26	25　　　　21	20　　　16	15　　　　　　　　　　　0
SDC1 111101	base	ft	offset
6	5	5	16

符号指令：

SDC1 ft,offset(base)

功能说明：

memory[base + offset]←ft

将浮点寄存器 ft 中的 64 位数据写入存储器。

访存地址：寄存器 base 的内容＋经有符号 32 位扩展后的偏移量 offset。

96. SDXC1

名称：变址存浮点寄存器中的双字

指令格式：

31　　　26	25　　　21	20　　　16	15　　　11	10　　　6	5　　　0
COP1X 010011	base	index	fs	0 00000	SDXC1 001001
6	5	5	5	5	6

符号指令：

SDXC1 fs,index(base)

功能说明：

memory[base + offset]←fs

将浮点寄存器 fs 中的 64 位数据写入存储器。

访存地址：变址寄存器 index 的内容＋寄存器 base 的内容。

97. SEB

名称：字节符号位扩展

指令格式：

31 26	25 21	20 16	15 11	10 6	5 0
SPECIAL3 011111	0 00000	rt	rd	SEB 10000	BSHFL 100000
6	5	5	5	5	6

符号指令：

SEB rd,rt

功能说明：

rd←rt 的末字节按符号位扩展。

98. SEH

名称：半字符号位扩展

指令格式：

31 26	25 21	20 16	15 11	10 6	5 0
SPECIAL3 011111	0 00000	rt	rd	SEH 11000	BSHFL 100000
6	5	5	5	5	6

符号指令：

SEH rd,rt

功能说明：

rd←rt 的低 16 位按符号位扩展。

99. SH

名称：存半字

指令格式：

31 26	25 21	20 16	15 0
SH 101001	base	rt	offset
6	5	5	16

符号指令：

SH rt,offset(base)

功能说明：

memory[base + offset]←rt

将通用寄存器 rt 中的低 16 位数据写入存储器。

访存地址：寄存器 base 的内容＋经有符号 32 位扩展后的偏移量 offset。

100. SLL

名称：逻辑左移

指令格式：

31　　　26	25　　　21	20　　　16	15　　　11	10　　　6	5　　　0
SPECIAL 000000	0 00000	rt	rd	sa	SLL 000000
6	5	5	5	5	6

符号指令：

SLL rd,rt,sa

功能说明：

rd←rt << sa

把 rt 中的低 32 位进行逻辑左移，结果按符号位扩展，然后放入 rd，移动的位数由 sa 给出。

101. SLLV

名称：按变量逻辑左移

指令格式：

31　　　26	25　　　21	20　　　16	15　　　11	10　　　6	5　　　0
SPECIAL 000000	rs	rt	rd	0 00000	SLLV 000100
6	5	5	5	5	6

符号指令：

SLLV rd,rt,rs

功能说明：

rd←rt << rs

将通用寄存器 rt 中的低 32 位进行逻辑左移，结果按符号位扩展，然后放入 rd。移动的位数由寄存器 rs 的低 5 位给出。

102. SLT

名称：小于比较

指令格式：

31 26	25 21	20 16	15 11	10 6	5 0
SPECIAL 000000	rs	rt	rd	0 00000	SLT 101010
6	5	5	5	5	6

符号指令：

SLT rd,rs,rt

功能说明：

if (rs < rt) then rd←1(00…01) else rd←0

按有符号数操作。

103. SLTI

名称：立即值小于比较

指令格式：

31 26	25 21	20 16	15 0
SLTI 001010	rs	rt	immediate
6	5	5	16

符号指令：

SLTI rt,rs,immediate

功能说明：

if (rs < imm) then rt←1 else rt←0

其中,imm 是 immediate 按符号位扩展后的值,按有符号数操作。

104. SLTIU

名称：无符号立即值小于比较

指令格式：

31 26	25 21	20 16	15 0
SLTIU 001011	rs	rt	immediate
6	5	5	16

符号指令:

SLTIU rt,rs,immediate

功能说明:

if (rs < imm) then rt←1 else rt←0

其中,imm 是 immediate 按符号位扩展后的值,按无符号数操作。

105. SLTU

名称: 无符号小于比较

指令格式:

31 26	25 21	20 16	15 11	10 6	5 0
SPECIAL 000000	rs	rt	rd	0 00000	SLTU 101011
6	5	5	5	5	6

符号指令:

SLTU rd,rs,rt

功能说明:

if (rs < rt) then rd←1 else rd←0

按无符号数操作。

106. SQRT. fmt

名称: 求平方根

指令格式:

31 26	25 21	20 16	15 11	10 6	5 0
COP1 010001	fmt	0 00000	fs	fd	SQRT 000100
6	5	5	5	5	6

符号指令:

SQRT. S fd,fs
SQRT. D fd,fs

功能说明:

fd←SQRT(fs)

求寄存器 fs 中的浮点数的平方根,然后送入浮点寄存器 fd。指令名后缀".S"和".D"分别表示单精度和双精度。

107. SRA

名称:算术右移

指令格式:

31　　26	25　　21	20　　16	15　　11	10　　6	5　　0
SPECIAL 000000	0 00000	rt	rd	sa	SRA 000011
6	5	5	5	5	6

符号指令:

SRA rd,rt,sa

功能说明:

rd←rt ≫ sa

对寄存器 rt 中的低 32 位进行算术右移,结果按符号位扩展,然后放入寄存器 rd,移动的位数由 sa 给出。

108. SRAV

名称:按变量算术右移

指令格式:

31　　26	25　　21	20　　16	15　　11	10　　6	5　　0
SPECIAL 000000	rs	rt	rd	0 00000	SRAV 000111
6	5	5	5	5	6

符号指令:

SRAV rd,rt,rs

功能说明:

rd←rt ≫ rs

对寄存器 rt 中的低 32 位进行算术右移,结果按符号位扩展,然后放入寄存器 rd,移动的位数由寄存器 rs 的低 5 位给出。

109. SRL

名称:逻辑右移

指令格式:

31　　　26	25　　22	21	20　　　　16	15　　　11	10　　　6	5　　　　　0
SPECIAL 000000	0000	R 0	rt	rd	sa	SRL 000010
6	4	1	5	5	5	6

符号指令:

SRL rd,rt,sa

功能说明:

rd←rt >> sa

对寄存器 rt 中的低 32 位进行逻辑右移,结果按符号位扩展,然后放入寄存器 rd,移动的位数由 sa 给出。

110. SRLV

名称: 按变量逻辑右移
指令格式:

31　　　26	25　　　21	20　　　16	15　　　11	10　　　7	6	5　　　　0
SPECIAL 000000	rs	rt	rd	0000	R 0	SRLV 000110
6	5	5	5	4	1	6

符号指令:

SRLV rd,rt,rs

功能说明:

rd←rt >> rs

对寄存器 rt 中的低 32 位进行逻辑右移,结果按符号位扩展,然后放入寄存器 rd,移动的位数由寄存器 rs 的低 5 位给出。

111. SUB

名称: 整数减
指令格式:

31　　　26	25　　　21	20　　　16	15　　　11	10　　　6	5　　　　0
SPECIAL 000000	rs	rt	rd	0 00000	SUB 100010
6	5	5	5	5	6

符号指令：

SUB rd,rs,rt

功能说明：

rd←rs - rt

对寄存器 rs 和 rt 中的 32 位整数进行减法运算,结果按符号位扩展,然后送入 rd,按有符号数操作。

112. SUB. fmt

名称： 浮点减

指令格式：

31 26	25 21	20 16	15 11	10 6	5 0
COP1 010001	fmt	ft	fs	fd	SUB 000001
6	5	5	5	5	6

符号指令：

SUB. S fd,fs,ft
SUB. D fd,fs,ft

功能说明：

fd←fs - ft

寄存器 fs 和寄存器 ft 中的浮点数进行减法运算,结果送入浮点寄存器 fd。指令名后缀“. S”和“. D”分别表示单精度和双精度。

113. SUBU

名称： 无符号减

指令格式：

31 26	25 21	20 16	15 11	10 6	5 0
SPECIAL 000000	rs	rt	rd	0 00000	SUBU 100011
6	5	5	5	5	6

符号指令：

SUBU rd,rs,rt

功能说明：

rd←rs−rt

对寄存器 rs 和 rt 中的 32 位整数进行减法运算,结果按符号位扩展,然后送入 rd,按无符号数操作。

114. SW

名称：*存字*
指令格式：

31　　　26	25　　　21	20　　　16	15　　　　　　　　　　　　　0
SW 101011	base	rt	offset
6	5	5	16

符号指令：

SW rt,offset(base)

功能说明：

memory[base+offset]←rt

将 rt 中的低 32 位数据写入存储器。
访存地址：寄存器 base 的内容＋经有符号 32 位扩展后的偏移量 offset。

115. SWC1

名称：*存浮点寄存器中的单字*
指令格式：

31　　　26	25　　　21	20　　　16	15　　　　　　　　　　　　　0
SWC1 111001	base	ft	offset
6	5	5	16

符号指令：

SWC1 ft,offset(base)

功能说明：

memory[base+offset]←ft

将 ft 中的低 32 位数据写入存储器。
访存地址：寄存器 base 的内容＋经有符号 32 位扩展后的偏移量 offset。

116. SWXC1

名称：变址存浮点寄存器中的单字

指令格式：

31 26	25 21	20 16	15 11	10 6	5 0
COP1X 010011	base	index	fs	0 00000	SWXC1 001000
6	5	5	5	5	6

符号指令：

SWXC1 fs,index(base)

功能说明：

memory[base + index]←fs

将 fs 中的低 32 位数据写入存储器。

访存地址：寄存器 base 的内容＋变址寄存器 index 的内容。

117. TEQ

名称：等于自陷

指令格式：

31 26	25 21	20 16	15 6	5 0
SPECIAL 000000	rs	rt	code	TEQ 110100
6	5	5	10	6

符号指令：

TEQ rs,rt

功能说明：

If (rs = rt) then trap

对通用寄存器 rs 和 rt 中的整数按有符号数进行比较,如果相等,则自陷。

118. TEQI

名称：等于立即值自陷

指令格式：

31 26	25 21	20 16	15 0
REGIMM 000001	rs	TEQI 01100	immediate
6	5	5	16

符号指令：

TEQI rs,immediate

功能说明：

If(rs = imm)then trap

其中 imm 是 immediate 按符号位扩展后的值。

对通用寄存器 rs 中的整数和扩展后的立即值进行比较（按有符号数操作），如果它们相等，则自陷。

119. TGE

名称：大于等于自陷

指令格式：

31 26	25 21	20 16	15 6	5 0
SPECIAL 000000	rs	rt	code	TGE 110000
6	5	5	10	6

符号指令：

TGE rs,rt

功能说明：

If(rs >= rt)then trap

把通用寄存器 rs 和 rt 中的整数按有符号数进行比较，如果 rs 中的整数大于或等于 rt 中的整数，则自陷。

120. TGEI

名称：大于等于立即值自陷

指令格式：

31 26	25 21	20 16	15 0
REGIMM 000001	rs	TGEI 01000	immediate
6	5	5	16

符号指令：

TGEI rs,immediate

功能说明：

If(rs > = imm)then trap

其中 imm 是 immediate 按符号位扩展后的值。

对通用寄存器 rs 中的整数和扩展后的立即值进行比较(按有符号数操作)，如果前者大于或等于后者，则自陷。

121. TGEIU

名称：无符号数大于等于立即值自陷
指令格式：

31 26	25 21	20 16	15 0
REGIMM 000001	rs	TGEIU 01001	immediate
6	5	5	16

符号指令：

TGEIU rs,immediate

功能说明：

If(rs > = imm)then trap

其中 imm 是 immediate 按符号位扩展后的值。

把通用寄存器 rs 中的数和扩展后的立即值进行比较(按无符号数操作)，如果前者大于或等于后者，则自陷。

122. TGEU

名称：无符号数大于等于自陷
指令格式：

31 26	25 21	20 16	15 6	5 0
SPECIAL 000000	rs	rt	code	TGEU 110001
6	5	5	10	6

符号指令：

TGEU rs,rt

功能说明:

If(rs>=rt)then trap

把通用寄存器 rs 和 rt 中的整数按无符号数进行比较,如果前者大于或等于后者,则自陷。

123. TLT

名称:小于自陷
指令格式:

SPECIAL 000000	rs	rt	code	TLT 110010
6	5	5	10	6

31　　26 25　　21 20　　16 15　　　　　　6 5　　　0

符号指令:

TLT rs,rt

功能说明:

If(rs<rt)then trap

把通用寄存器 rs 和 rt 中的整数按有符号数进行比较,如果前者小于后者,则自陷。

124. TLTI

名称:小于立即值自陷
指令格式:

REGIMM 000001	rs	TLTI 01010	immediate
6	5	5	16

31　　26 25　　21 20　　16 15　　　　　　　　0

符号指令:

TLTI rs,immediate

功能说明:

If rs < immediate then trap

125. TLTIU

名称:无符号数小于立即值自陷

指令格式:

31　　26	25　　21	20　　16	15　　　　　　0
REGIMM 000001	rs	TLTIU 01011	immediate
6	5	5	16

符号指令:

TLTIU rs,immediate

功能说明:

If(rs < imm)then trap

其中 imm 是 immediate 按符号位扩展后的值。

把通用寄存器 rs 中的数和 imm 进行比较(按无符号数操作),如果前者小于后者,则自陷。

126. TLTU

名称: 无符号数小于自陷
指令格式:

31　　26	25　　21	20　　16	15　　　　6	5　　0
SPECIAL 000000	rs	rt	code	TLTU 110011
6	5	5	10	6

符号指令:

TLTU rs,rt

功能说明:

If (rs < rt)then trap

把通用寄存器 rs 和 rt 中的整数按无符号数进行比较,如果前者小于后者,则自陷。

127. TNE

名称: 不等于自陷
指令格式:

31　　26	25　　21	20　　16	15　　　　6	5　　0
SPECIAL 000000	rs	rt	code	TNE 110110
6	5	5	10	6

符号指令：

TNE rs,rt

功能说明：

If (rs!= rt)then trap

把通用寄存器 rs 和 rt 中的整数按有符号数进行比较，如果两者不相等，则自陷。

128. TNEI

名称：不等于立即值自陷
指令格式：

31　　　26	25　　　　21	20　　　16	15　　　　　　　　　　　　　　0
REGIMM 000001	rs	TNEI 01110	immediate
6	5	5	16

符号指令：

TNEI rs,immediate

功能说明：

If(rs!= imm)then trap

其中 imm 是 immediate 按符号位扩展后的值。
把通用寄存器 rs 中的数和 imm 按有符号数进行比较，如果两者不相等，则自陷。

129. TRUNC. L. fmt

名称：浮点数转换成 64 位整数
指令格式：

31　　　26	25　　　21	20　　　16	15　　　11	10　　　6	5　　　0
COP1 010001	fmt	0 00000	fs	fd	TRUNC. L 001001
6	5	5	5	5	6

符号指令：

TRUNC. L. S fd,fs
TRUNC. L. D fd,fs

功能说明：

fd←fs 转换成 64 位整数；

采用朝 0 舍入法，指令名后缀". S"和". D"分别表示单精度和双精度。

130. TRUNC. W. fmt

名称：浮点数换成 32 位整数
指令格式：

31 26	25 21	20 16	15 11	10 6	5 0
COP1 010001	fmt	0 00000	fs	fd	TRUNC. W 001101
6	5	5	5	5	6

符号指令：

TRUNC. W. S fd,fs
TRUNC. W. D fd,fs

功能说明：

fd←fs 转换成 32 位整数；

采用朝 0 舍入法，指令名后缀". S"和". D"分别表示单精度和双精度。

131. XOR

名称：异或
指令格式：

31 26	25 21	20 16	15 11	10 6	5 0
SPECIAL 000000	rs	rt	rd	0 00000	XOR 100110
6	5	5	5	5	6

符号指令：

XOR rd,rs,rt

功能说明：

rd←rs XOR rt

通用寄存器 rs 和 rt 中的两个 32 位数按位进行逻辑"异或"操作，结果放入 rd。

132. XORI

名称：立即值异或

指令格式：

31　　　　26	25　　　　21	20　　　　16	15　　　　　　　　　　　　　　0
XORI 001110	rs	rt	immediate
6	5	5	16

符号指令：

XORI rt,rs,immediate

功能说明：

rt←rs XOR imm

其中 imm 是 immediate 按 0 扩展后的值。

通用寄存器 rs 和 rt 中的两个 32 位数按位进行逻辑"异或"操作,结果放入 rd。

附录 C　模拟器 MIPSsim 的汇编语言

1. 汇编程序语法结构

MIPSsim 的汇编程序由一个代码段和 0 个至多个数据段构成,代码段在前面。

代码段以".text"开头,含有指令。

数据段以".data"开头,含 byte、half、word、dword、single、double、space 等数据子节。

除 space 外,各类数据子节可含若干数据列表,其每个数据皆属于该类型。每个数据间可用逗号隔开。

下面以类似正则表达式的方式给出其语法结构。其中"＊"表示 0 到多个匹配,"[ ]"表示将其中内容作为整体匹配,"|"表示"或"关系,"?"表示 1 到多个匹配,"RT"表示换行符。

```
mips_assemblly: [ text_sec | data_sec ] *
text_sec: '.text' [ addr ]? RT [ text_line [ comment ]? RT ] *
text_line: instr | label | align | (blank)
data_sec: [ data_line [ comment ]? RT] *
data_line: '.data' [ addr ]? RT [ sub_sec | align ] *
sub_sec: byte_sec | half_sec | word_sec | dword_sec | single_sec | double_sec | ascii_sec |
asciiz_sec | space_sec
word_sec: '.word' word_list RT
word_list: word [ ',' word ] *
(byte、half、dword、single、double、ascii、asciiz 子节与 word 子节类似)
space_sec: '.space' number RT
align: '.align' [ 0 | 1 | 2 | 3 ]
```

2. 详细说明

（1）指令段:含有指令,'.text'后若指定了地址,则该地址表示该段起始地址。

（2）数据段:含有数据,'.data'后若指定了地址,则该地址表示该段起始地址。

（3）标签:本身代表一个地址,即其所在处。

（4）对齐(align):指示接下来的单元如何对齐,设所指定的数字为 n,则在 2^n 边界处对齐。

（5）数据列表:逗号隔开的每个数据依次写入地址空间,每个数据在写入前都要对齐。

（6）换行(RT):即回车。

（7）注释(comment):以"＃"开头,以换行(RT)结束。

（8）标签(label):一个标示符加一个冒号;标示符以字母或下画线开头,接着若干字母、数字或下画线。

（9）指令（instr）：即指令列表的汇编语句列中所列的语句。

在汇编语句中，各词法要素实际写法如下。

整数寄存器：$r0～$r31

浮点寄存器：$f0～$f31

立即数：其书写规则与普通数字相同，分为十进制和十六进制两种。

字符：与 C/C++ 对于字符的定义一致，以单引号为标记。

字符串：与 C/C++ 对于字符串的定义一致，以双引号为标记，特殊转义字符需要多加一个"\"。

3. 伪指令（表 C.1）

表 C.1　伪指令

名称及缩写	格式	描述与说明
.align	.align n	将下一个数据的起始点对准 2 的 n 次方字节地址的边界。例如，.align 2 将下一个数据对准字边界
.ascii	.ascii str	在内存中存储字符串 str，但不以 null 结尾
.asciiz	.asciiz str	在内存中存储字符串 str，并以 null 结尾
.byte	.byte b1,b2,…,bn	在内存的连续空间内存储 n 个值（字节）：b1,b2,…,bn
.data	.data ＜addr＞	随后定义的数据被存放到数据段。如果参数 addr 存在，那么这些数据将被存放到以 addr 作为起始地址的一片内存单元中
.double	.double d1,d2,…,dn	在连续的内存区中存储值为 d1,d2,…,dn 的 n 个双精度浮点数
.extern	.extern sym size	声明存储在 sym 中的数据是 size 字节大小，并且是一个全局标记，该宏指令使得数据可以存储在凭借 $gp 可以有效访问的数据段中
.float	.float f1,f2,…,fn	在连续的内存区中存储值为 f1,f2,…,fn 的 n 个单精度浮点数
.globl	.globl sym	将 sym 声明为全局标号，并且可以被其他文件引用
.half	.half h1,…,hn	在连续的内存区中存储值为 h1,h2,…,hn 的 n 个半字（16 位）的数
.kdata	.kdata ＜addr＞	随后的数据被存放到核心数据段，如果参数 addr 存在，那么这些数据将被存放到以 addr 作为起始地址的一片内存单元中
.ktext	.ktext ＜addr＞	随后的数据被存放到核心代码段，如果参数 addr 存在，那么这些代码将被存放到以 addr 作为起始地址的一片内存单元中
.set	.set noat .set at	第一条宏指令拒绝接下来使用 $at 的指令，第二条宏指令恢复该警告
.space	.space n	在当前段中分配 n 字节的空间
.text	.text ＜addr＞	随后的项目被存放到代码段。如果参数 addr 存在，那么这些项目将被存放到以 addr 地址开始的内存中
.word	.word w1,w2,…,wn	在连续的内存区中存储值为 w1,w2,…,wn 的 n 个字（32 位）的数

4. 汇编程序举例

```
.data
.globl main
.text
main:
ADDU $r4, $r3, $r2
NOR $r5, $r6, $r7
SLL $r8, $r9,3
MTHI $r10
dfs
DMTC1 $r11, $f1
BGTZ $r12,loop
J main
loop:
LWU $r13,2( $r14)
SDC1 $f2,4( $r15)
TLT $r16, $r17
SUB.S $f3, $f4, $f5
BC1F 3,loop
CVT.S.W $f6, $f7
SYSCALL

.data
.align 4
arr: .byte 1,2,3
str: .asciiz "abcd"
db: .double 1.1,1.2
.extern label 10
ft: .float 1.0
.space 9
```